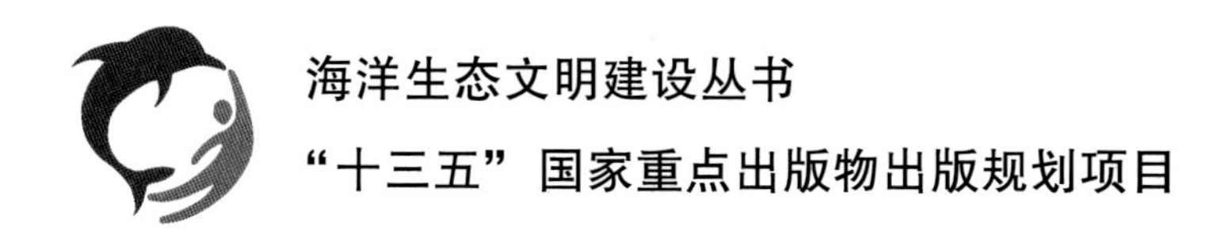


# 陆源污染物排海管控技术研究

## ——以秦皇岛海域为例

林忠胜　王立军　张志锋　等著



海洋出版社

2018年 · 北京

**图书在版编目（CIP）数据**

陆源污染物排海管控技术研究：以秦皇岛为例/林忠胜等著. —北京：海洋出版社，2018. 10

ISBN 978-7-5210-0196-9

Ⅰ. ①陆… Ⅱ. ①林… Ⅲ. ①海洋污染-污染防治-研究 Ⅳ. ①X55

中国版本图书馆 CIP 数据核字（2018）第 212815 号

责任编辑：白　燕

责任印制：赵麟苏

海洋出版社　**出版发行**

http：//www. oceanpress. com. cn

北京市海淀区大慧寺路 8 号　邮编：100081

北京文昌阁彩色印刷有限责任公司印刷　新华书店发行所经销

2018 年 10 月第 1 版　2018 年 10 月北京第 1 次印刷

开本：889mm×1194mm　1/16　印张：8

字数：147 千字　定价：60. 00 元

发行部：62147016　邮购部：68038093　总编室：62114335

《陆源污染物排海管控技术研究
——以秦皇岛海域为例》

主 要 著 者：林忠胜 王立军 张志锋 赵 骞
穆景利 张 哲 杨 帆
其他编写人员：张永丰 张建乐 于丽敏 马新东
王 莹 张 硕 赵冬梅

# 前　言

党的十八大以来，以习近平同志为核心的党中央高度重视生态文明建设，将其纳入“五位一体”总体布局和“四个全面”战略布局，要求把生态环境保护放在更加突出位置，用最严格的制度保护生态环境。2017 年 5 月，针对渤海生态环境整体形势依然严峻、重点海湾污染未见好转等问题，国家海洋局出台了《关于进一步加强渤海生态环境保护工作的意见》，进一步严格渤海的生态环境保护，针对陆源入海污染物管控，提出了“形成集中排放、生态排放区域的选划建议”和“拟订渤海差别化污染排放标准”等要求。如何进行集中排放、生态排放区域的选划，如何拟订渤海差别化污染排放标准，不仅是落实《关于进一步加强渤海生态环境保护工作的意见》需要解决的现实课题，更是贯彻党的十九大报告提出的“实施流域环境和近岸海域综合治理”、“坚决打好污染防治攻坚战”工作部署的迫切需求。

本书是河北省海洋局组织实施的“北戴河海域环境综合整治与修复示范工程”项目中“秦皇岛市陆源污染物排海控制标准”课题研究成果的一部分，于 2013 年由国家海洋环境监测中心承担完成。主要内容是在实施污染物排海总量控制的前提下，从浓度控制和生物毒性控制两方面拟定秦皇岛市的陆源污染物排海限值，并根据秦皇岛近岸海域水动力交换条件、海洋功能区环境保护要求和生态红线区等要求，将秦皇岛沿岸划分为禁止排放区、限制排放区和允许排放区，对陆源污染物排海实行分区分策管控。希望通过对项目成果的梳理出版，能够为践行陆源入海污染物“生态排放、集中排放”理念以及拟定渤海差别化污染排放标准提供借鉴和帮助。

由于作者水平有限，书中难免存在不妥之处，望广大读者给予批评指正。

作者

2018 年 2 月于大连

# 目　录

# 1 绪 论

## 1.1 研究背景

秦皇岛市是我国著名的休闲旅游度假胜地。近年来，随着经济社会的快速发展，秦皇岛市近岸海域环境质量变差，基础生境发生改变，北戴河海滩、七里海潟湖、滦河口湿地等典型生态系统处于亚健康、高风险状态。沿岸及入海河流流域内大量工业废水、生活污水和农业面源污染物排放入海，是秦皇岛近岸海域生态环境质量受损害的主要原因之一。国家海洋局近年来对秦皇岛市入海排污口及入海河流的监测结果显示，2006 年以来秦皇岛市直排口的超标比率在 56%～90%，入海河流断面水质多为 V 类或劣 V 类，且陆源入海口多处在养殖区、旅游度假区甚至是自然保护区等敏感海域，对海洋生态环境影响显著[1-8]。我国尚未建立专门针对陆源污染物排海的控制标准，陆源污染物排海的控制仍主要依据《污水综合排放标准》（GB 8978—1996）及部分行业标准，已无法满足当前近岸海域环境管理的需求。

2011 年 12 月 9 日，中央办公厅主持召开了关于“渤海环境保护及北戴河海域环境综合整治”工作会议，对渤海环境保护特别是北戴河海域环境综合整治工作进行了总体部署。2012 年，河北省政府启动了《北戴河及相邻地区近岸海域环境综合整治行动计划（2012—2014 年）》，该计划共包含工业污染源治理、农业面源污染防治、侵蚀岸滩修复和海洋环境保障等 10 大工程。2013 年，河北省又启动了《北戴河海域环境综合整治与修复示范工程》项目，主要开展海洋环境立体化监测系统建设、区域环境整治监测与评价、海洋环境保障信息系统构建 3 大项工作，制定《秦皇岛市陆源污染物排海控制标准》则是本项目区域环境整治监测与评价工作中的一项重要内容。

## 1.2 研究目的和意义

针对秦皇岛地区的陆源排污特点，根据秦皇岛海域海洋功能区环境保护要求和水动力条件等因素，开展陆源污染物排海控制技术研究，提出秦皇岛地区专属的陆源污染物排海控制标准，为加强陆源排污监督管理、保护海洋生态环境提供有力抓手。

除辽宁省曾于1989年颁布实施的《辽宁省沿海地区污水直接排入海域标准》（DB 21-59-89）外，我国陆源污染物排海的控制标准主要依据《污水综合排放标准》（GB 8978—1996），控制手段主要是浓度控制。本研究在陆源污染物排海总量控制的前提下，从浓度控制、生物毒性控制两方面入手，制定控制标准限值；通过对秦皇岛近岸海域分区，对不同区域的陆源污染物排海分策管理。本研究意义在于：

（1）根据区域排污特点和近岸海域管理需求制定控制标准，使对陆源污染物排海的控制更有针对性和可行性；

（2）通过增加陆源污染物排海的生物毒性控制指标，突出对海洋生态安全和人体健康的保护；通过浓度控制、生物毒性控制和总量控制的有机结合，使对陆源污染物排海的管控更加科学、有效；

（3）根据秦皇岛海域的海洋功能区划、海洋生态红线和近岸海域水交换能力等对近岸海域进行分区，对不同区域施行差别化控制措施，充分体现对海洋资源的科学保护与合理利用。

## 1.3 研究内容和技术路线

### 1.3.1 研究内容

#### 1.3.1.1 秦皇岛市陆源排污压力及近岸海域污染特征分析

在系统分析秦皇岛地区行业产污特征、秦皇岛陆源入海污染物排放特征和秦皇岛近岸海域污染特征的基础上，根据行业取水量指数、等标污染负荷指数和海水超标程度指数，对秦皇岛海域特征污染物进行筛选和排序，确定优先控制的污染物。

#### 1.3.1.2 秦皇岛市陆源污染物排海浓度控制标准研究

系统分析秦皇岛市陆源入海污染源主要污染物历史排放浓度分布水平，充分考虑污水处理厂的处理技术水平，遵循地方标准严于国家标准的基本原则，确定秦皇岛市陆源入海排污口主要污染物的排放浓度限值。

1.3.1.3 秦皇岛市陆源污染物排海生物毒性控制标准研究

在对秦皇岛市陆源入海污染源生物毒性现状调查评估的基础上，结合秦皇岛市的生物毒性监测技术能力，确定秦皇岛市陆源污染物排海生物毒性控制指标、受试物种和控制要求。

1.3.1.4 秦皇岛市近岸海域排放区选划

对秦皇岛近岸海域水动力交换能力进行评估，结合秦皇岛市海洋功能区划、海洋生态红线等要求，将秦皇岛近岸海域划分为禁止排放区、限制排放区和允许排放区。

1.3.1.5 秦皇岛市陆源污染物排海控制标准

基于以上的研究成果，提出《秦皇岛市陆源污染物排海控制标准》草案。

### 1.3.2 技术路线

以陆源入海排污口和入海河流为管控对象，研究确定陆源污染物排海的浓度控制和生物毒性控制限值要求；按照秦皇岛海域的海洋功能区划、海洋生态红线和近岸海域水交换能力，划分禁止排放区、限制排放区和允许排放区；综合运用浓度控制、生物毒性控制和总量控制（秦皇岛海域总量控制的具体要求已单独立项研究）手段对陆源污染物排海分区分策管控。本项目技术路线见图 1.1。

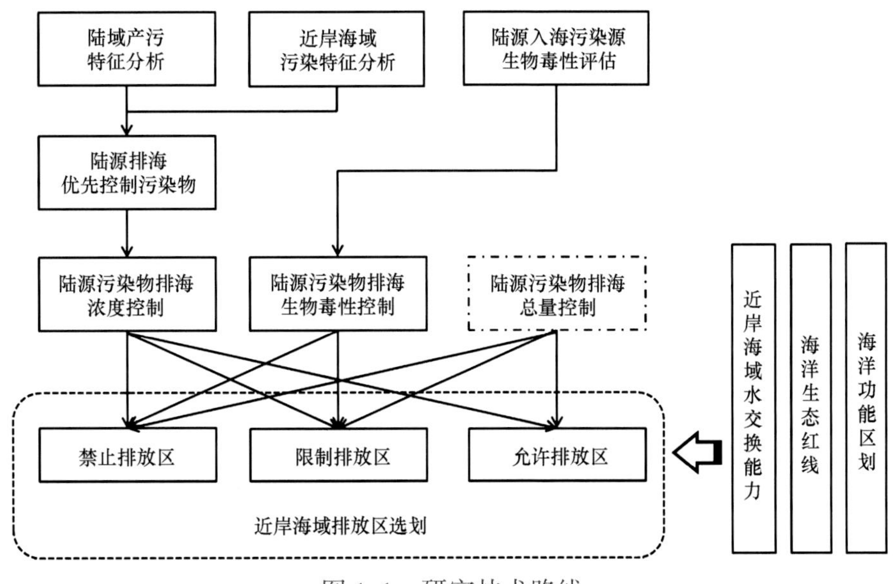


图 1.1 研究技术路线

# 2 陆源污染物排海管控技术现状

陆地污染源（简称陆源），是指从陆地向海域排放污染物，造成或者可能造成海洋环境污染损害的场所、设施等[9]。陆源污染物则是指由陆地污染源排放的污染物。陆地污染源类型众多且排污形式复杂，对近岸海域环境质量影响显著，特别是对封闭和半封闭海域的影响尤为严重。我国及其他国家均在探索和研究多种管控策略来控制陆源污染。经过多年的研究，国内外对陆源入海污染物的管控技术已形成“排海污染物浓度控制—排海污水生物毒性控制—排海污染物总量控制”相结合的技术体系。

——浓度控制主要是建立在污染物排放标准的基础上，即依靠控制污染物的排放浓度来实施环境政策和环境管理。从国际上看，浓度控制是促进工业环保技术进步的基本动力，没有任何一项其他措施能够达到如此广泛、深刻的作用[10]。

——生物毒性控制是以生物指标直观地反映污染物对生态环境和人类健康的影响，是对基于传统理化分析方法的浓度控制的有效补充，成为近年来环境监测与管理的有力工具。

——总量控制则是对以浓度控制为基础的环境保护政策的一次重大改进，是一项综合性、系统性的工程。总量控制以海洋的环境容量为基础，将区域定量管理和经济学的观点引入环境保护的总量考虑中，是环境政策向适应市场经济体制转变的重大行动[10]。

当前，我国的陆源污染物排海控制技术仍以浓度控制为核心，主要依靠一系列水污染物排放标准实现对点源排放的管理控制。近几年，生物毒性控制在陆源入海污染物监测与评价方面的应用，实现了化学监测与生物毒性监测的有机结合，有效地补充了浓度控制方法在环境风险管理和控制方面的不足，可更加真实有效地反映污染物对环境造成的潜在生态风险。随着近年来总量控制研究的深入开展，国家和地方水污染物排放标准中逐步引入了总量控制指标，表明总量控制已成为我国环境保护与管理的一项重大措施。至此，我国已逐渐建立起了一套基于浓度控制、生物毒性控制与总量

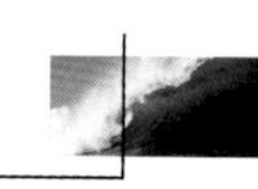

控制的综合、全面、科学的陆源污染物排海管控技术体系。

## 2.1 陆源污染物排海浓度控制

浓度控制是一种以控制污染源向外部环境所排放污染物的浓度为核心的环境管理方法体系[10]。其核心内容是国家和地方环境污染物排放标准，以及不同行业污染物排放标准。浓度控制管理的主要对象直接到排污口、入海河流等点源污染源，这实际上是对污染源控制技术的具体要求，即根据当前的污染处理技术对工业行业制定排放限制准则，以达到减轻或防止环境污染的效果。中国及世界多个国家将污染物排放标准建立在采用先进技术所能达到的水平上，以便排放标准发挥其防治污染和促进技术进步的作用。

自 20 世纪 70 年代初，我国从控制污染源排放着手，开始实施污染物排放浓度控制，并颁布了一系列海洋污染物浓度排放标准、海洋环境质量标准、海洋环境保护政策和管理体制等[11]。多年来，浓度控制一直是我国环境管理政策的核心，至今仍是我国污染控制技术的基础和主要手段。我国现行的环境管理制度“排污收费制度”、“三同时”以及环境影响评价等制度都是基于污染物浓度排放标准而制定的。

我国的水污染物浓度控制主要依靠一系列的国家和地方水污染物排放标准来实现对排入水体环境中不同类型的污染物进行分类、分级的浓度控制[12]。近年来，随着近岸海域水体环境富营养化程度的加重，总氮、总磷等富营养化控制指标陆续出现在水污染物排放标准中，成为陆源排海污染物控制的重点目标。而有机污染物因其在近岸海域水体环境和生物体中的累积效应也逐渐成为水污染控制的对象。

### 2.1.1 国内外研究进展

污染物排放浓度控制标准起源于 20 世纪六七十年代西方国家的水污染控制策略，其核心在于制定全国统一的、基于实用处理技术的最低排放限值要求。在工业行业排放标准中，各国均按照行业生产工艺、所产生污染物的种类设置污染物控制项目。例如，美国在 1965 年颁布的《水质法》开始重视环境水体水质，要求州一级政府制定州际水体水质标准。自 20 世纪 70 年代初期开始逐渐实施污水浓度达标管理，陆续制定了 52 个行业的基于 BPT（Best Practice Technique）、BAT（Best Achievable Technique）、BDT（Best Discipline Technique）等处理技术的国家工业污染源排放标准，并通过 NP-

DES（National Pollutant Discharge Elimination System）排污许可制度在全国统一实施。美国因行业细分程度较高，其污染物控制项目（包括常规项目与行业特征污染物项目）也较多。德国于1976年修订了《水管理法》，开始制定以“普遍可接受技术”（Generally Accepted Technology）为基础的，包括57个行业的排放法令。日本的国家污水排放标准是不分受纳水体功能级别、不分行业的综合性排放标准，污染物指标设置数量最少。

我国自1973年第一次环境保护会议发布第一个环境保护法规标准《工业“三废”排放试行标准》（CB J4—73）以来，环境保护行政主管部门迄今已陆续颁布了60余项国家水污染物排放标准和地方水污染物排放标准，形成了比较完整的具有中国特色的水污染物排放标准体系[13]。近年来，环境污染问题受到社会各界的重视，作为直接控制污染源排放技术依据的污染物排放标准也逐渐成为各方关注的焦点。其中《国务院关于落实科学发展观加强环境保护的决定》中明确指出要“健全环境法规和标准体系”。为此，原国家环保总局于2006年制定了《“十一五”国家环境保护标准规划》，对环境保护标准的制修订总体思路进行了较大调整，发布了“十一五”期间需要制修订的国家环境保护标准名录1000余项。国家水污染物排放标准体系作为其中的重要组成部分，新制定了多个行业性水污染物排放标准。但这些水污染物排放标准的制定仍主要基于“行业总量控制”的思路，对于近岸海域环境保护的特殊要求并未予以考虑。

当前，我国尚缺少专门针对陆源污染物排海控制的国家级标准，陆源污染物排海的评价仍主要依据《污水综合排放标准》（GB 8978—1996）及部分行业标准。目前，除辽宁省曾于1989年颁布实施的地方标准《辽宁省沿海地区污水直接排入海域标准》（DB 21-59—89）外，我国的国家、行业和地方标准体系中多是针对受纳水体的类别（地表水、海水等）的水质要求来确定污水排放限值的综合性标准，尚没有针对性的污染物排放入海的标准，难以满足当前近岸海域环境管理的需求。

1）国家水污染物排放标准

我国目前对陆源入海排污管理执行的是《污水综合排放标准》（GB 8978—1996），该标准于1996年10月4日发布，1998年1月1日起实施。该标准是为贯彻《中华人民共和国环境保护法》、《中华人民共和国水污染防治法》和《中华人民共和国海洋环境保护法》，控制水污染，保护江河、湖泊、运河、渠道、水库和海洋等地面水以及地下水质的良好状态，保障人体健康、维护生态平衡，促进国民经济和城乡建设的发展。

该标准适用于现有单位水污染物的排放管理，以及建设项目的环境影响评价、建设项目环境保护设施设计、竣工验收以及投产后的排放管理等。在适用范围上明确国家综合排放标准与国家行业排放标准不交叉执行的原则，造纸、船舶、海洋石油开发、纺织染整、合成氨、钢铁、航天推进剂使用、兵器、磷肥和烧碱、聚氯乙烯等工业都执行相应的行业标准。

该标准分年限规定了69种水污染物最高允许排放浓度以及部分行业最高允许排水量，根据排放污染物的性质和控制方式将污染物分为两大类：针对第一类污染物，不分行业和污水排放方式，不分受纳水体的功能类别，一律在车间或车间处理设施排放口采样，其最高允许排放浓度必须达到该标准要求；针对第二类污染物，要求在排污单位排放口采样，其最高允许排放浓度必须达到该标准要求。同时，根据污水排放去向和受纳水体功能要求的差别，将第二类污染物排放限值分为3个等级：①排入《海水水质标准》（GB 3097）中二类海域的污水，执行一级标准；②排入《海水水质标准》（GB 3097）中三类海域的污水，执行二级标准；③排入设置二级污水处理厂的城镇排水系统的污水，执行三级标准；在《海水水质标准》（GB 3097）中一类海域内，禁止新建排污口。现有排污口应按水体功能要求，实施污染物总量控制，以保证受纳水体水质符合规定用途的水质标准。

可见，该标准对于监督排污单位、控制污染物排放、改善水环境质量、维护生态系统平衡和保障人体健康等多个方面发挥了重要作用，但采用该标准进行陆源污染物排海评价与控制时，还存在以下不足：①不能有效评价混合排污口和排污河，未提出明确的控制建议或方案；②部分标准限值设置不合理，如五氯酚、硝基苯等有毒化合物的排放限值约高出美国海水水质标准限值一个数量级；③部分项目的分析方法与海洋领域存在偏差；④采样频率、采样方式和采样点设置等内容有待结合海洋监测的特点进行完善。

2）地方水污染物排放标准

地方水污染物排放标准是对国家标准的补充和完善。对于国家标准中未作规定的项目，可以根据各省市实际情况制定地方标准；对于国家标准中已规定的项目，可以制定严于国家标准的地方标准[14]。目前，我国已有多个省市开展了地方标准的制定工作，如表2.1所示。

**表 2.1　我国地方性水污染物排放标准概况**

| 省（市、区） | 标准编号 | 标准名称 | 生效年份 | 指标数量 | |
|---|---|---|---|---|---|
| | | | | 一类污染物 | 二类污染物 |
| 辽宁省 | DB21/1627—2008 | 污水综合排放标准 | 2008 | 25 | |
| 河北省 | DB 13/2171—2015 | 农村生活污水排放标准 | 2015 | 11 | |
| 天津市 | DB12/356—2018 | 污水综合排放标准 | 2018 | 13 | 62 |
| 山东省 | DB37/676-2007 | 山东省半岛流域水污染物综合排放标准 | 2007 | 13 | 57 |
| | DB37/656-2006 | 山东省小清河流域水污染物综合排放标准 | 2007 | 13 | 69 |
| | DB37/675—2007 | 山东省海河流域水污染物综合排放标准 | 2007 | 13 | 56 |
| | DB37/599—2006 | 山东省南水北调沿线水污染物综合排放标准 | 2006 | 13 | 56 |
| | DB37/ 990—2013 | 山东省钢铁工业污染物排放标准 | 2013 | 20 | |
| 江苏省 | DB32/939—2006 | 化学工业主要水污染物排放标准 | 2006 | 13 | 12 |
| | DB32/1072—2007 | 太湖地区城镇地区水处理厂及重点工业行业主要水污染物排放限值 | 2008 | 4 | |
| 上海市 | DB31/199—2009 | 污水综合排放标准 | 2009 | 17 | 77 |
| | DB31/373—2010 | 生物制药行业污染物排放标准 | 2010 | 7 | 28 |
| | DB31/374—2006 | 半导体行业污染物排放标准 | 2007 | 7 | 10 |
| 浙江省 | DB33/593—2005 | 畜禽养殖业污染物排放标准 | 2006 | 10 | |
| | DB 33/887—2013 | 工业企业废水氮、磷污染物间接排放限值 | 2013 | 2 | |
| | DB 33/923—2014 | 生物制药工业污染物排放标准 | 2014 | 6 | 27 |
| | DB33/ 973—2015 | 农村生活污水处理设施水污染物排放标准 | 2015 | 7 | |
| | DB 33/844—2011 | 酸洗废水排放总铁浓度限值 | 2012 | 1 | |
| 福建省 | DB 35/1310—2013 | 制浆造纸工业水污染物排放标准 | 2013 | 10 | |
| | DB 41/1258—2016 | 涧河流域水污染物排放标准 | 2017 | 9/15 | |
| | DB 41/1257—2016 | 洪河流域水污染物排放标准 | 2017 | 8/18 | |
| 厦门市 | DB35/322—2011 | 厦门市水污染物排放标准 | 2012 | 12 | |
| 广东省 | DB44/26—2001 | 水污染物排放限值 | 2002 | 16 | 28/58 |
| | DB44/613—2009 | 畜禽养殖业污染物排放标准 | 2009 | 10 | |
| | DB44/1889—2017 | 工业废水铊污染物排放标准 | 2017 | 1 | |
| | DB 44/1597—2015 | 电镀水污染物排放标准 | 2015 | 20 | |
| 北京市 | DB 11/890—2012 | 城镇污水处理厂水污染物排放标准 | 2012 | 19/54 | |
| | DB11/307—2013 | 水污染物综合排放标准 | 2014 | 101 | |
| 重庆市 | DB 50/391—2011 | 餐饮船舶生活污水污染物排放标准 | 2011 | 10 | |
| | DB50/457—2012 | 化工园区主要水污染物排放标准 | 2012 | 6 | |
| 贵州省 | DB 52/864—2013 | 贵州省环境污染物排放标准 | 2014 | 1 | 4 |

续表

| 省（市、区） | 标准编号 | 标准名称 | 生效年份 | 指标数量 | |
|---|---|---|---|---|---|
| | | | | 一类污染物 | 二类污染物 |
| 江西省 | DB 36/852—2015 | 鄱阳湖生态经济区水污染物排放标准 | 2015 | 7 | |
| 吉林省 | DB22/426—2016 | 糠醛工业污染物控制要求 | 2017 | 6 | |
| 河南省 | DB 41/681—2011 | 啤酒工业水污染物排放标准 | 2011 | 7 | |
| | DB 41/276—2011 | 盐业、碱业氯化物排放标准 | 2012 | 1 | |
| | DB 41/756—2012 | 化学合成类制药工业水污染物间接排放标准 | 2013 | 25 | |
| | DB 41/758—2012 | 发酵类制药工业水污染物间接排放标准 | 2013 | 12 | |
| | DB 41/684—2011 | 铅冶炼工业污染物排放标准 | 2011 | 16 | |
| | DB 41/776—2012 | 蟒沁河流域水污染物排放标准 | 2013 | 27 | |
| | DB 41/790—2013 | 清漠河流域水污染物排放标准 | 2013 | 23 | |
| | DB41/777—2013 | 河南省辖海河流域水污染物排放标准 | 2013 | 29 | |
| | DB 41/918—2014 | 河南省惠济河流域水污染物排放标准 | 2014 | 25 | |
| | DB 41/908—2014 | 河南省贾鲁河流域水污染物排放标准 | 2014 | 19 | |
| 湖北省 | DB42/168—1999 | 湖北省府河流域氯化物排放标准 | 1999 | 1 | |
| 陕西省 | DB61/421—2008 | 浓缩果汁加工业水污染物排放标准 | 2008 | 4 | |
| | DB61/224—2011 | 黄河流域（陕西段）污水综合排放标准 | 2011 | 6 | 10 |
| 广西壮族自治区 | DB 45/893—2013 | 甘蔗制糖工业水污染物排放标准 | 2013 | 7 | |
| 湖南省 | DB 43/ 968—2014 | 工业废水铊污染物排放标准 | 2015 | 1 | |
| | DB43/ 350—2007 | 工业废水中锑污染物排放标准 | 2008 | 1 | |
| 四川省 | DB 51/2311—2016 | 四川省岷江、沱江流域水污染物排放标准 | 2017 | 5 | |
| 安徽省 | DB34/ 2710—2016 | 巢湖流域城镇污水处理厂和工业行业主要水污染物排放限值 | 2017 | 4 | |

近年来，国家五年计划都将污染减排作为约束性指标提出，污水综合排放控制成为国家和地方环保工作的一项主要任务。我国现行的标准体系中有 4 个省/直辖市制定了地方《污水综合排放标准》，分别为北京市水污染排放标准（DB11/307—2013），上海市污水综合排放标准（DB31/199—2009），天津市污水综合排放标准（DB12/356—2018），辽宁省污水综合排放标准（DB21/1627—2008）。4 个地方标准中，北京和上海

在标准约束目标和管理思路上与国标基本一致，但在分类方法和每一类的具体要求上有所变化。而天津和辽宁两地的标准则与国家标准有较大不同[15]。

在污染物分类方面，北京和上海与国家标准思路一致，但对污染物分类管理的要求更为具体和严格，体现了北京和上海控制优先污染物的明确意图。而天津和辽宁则更侧重于对污水集中处理的强化管理，对污水处理厂排水做了更细致的要求。在污染物项目设置上，北京地方标准项目数量最多，较国家标准增加了 46%，上海地方标准项目比国家标准增加了 36%。各省市通过污染项目的增加体现各自的区域特征，是地方环保自主权的直接体现。在排污限值的设置上，各地方标准中严于国家标准项目限值削减幅度都很大，绝大部分比国家标准严格了至少一个数量级，体现了地方调控的决心和力度[15]。

在地方行业水污染物排放标准方面，各省市均根据地方的主要产业和特色产业制定了相应的行业标准。辽宁省结合省内钢铁冶金、化工和石油化工、造纸、制药、纺织印染等重点污染企业的实际情况，在《污水综合排放标准》（DB21/1627—2008）中规定了工业行业特征污染物指标 14 项。山东省是全国省市中制定地方行业标准和流域标准最多的省份之一，分别制定了钢铁工业、畜禽养殖业等多个行业标准，根据各行业的特点对其排污行为进行了具体、严格的规定。江苏省为严格控制化学工业企业的主要水污染物排放，制定了《化学工业主要水污染物排放标准》（DB32/939—2006），对省内化学工业企业重点控制的 25 种水污染物排放的最高浓度限值进行了规定。浙江省分别就生物制药业、畜禽养殖业提出了水污染物排放标准，并且对工业废水中氮、磷污染物间接排放限值、酸洗废水排放总铁浓度限值等提出了具体的排放控制标准。广东省结合省内实际情况制定了《水污染物排放限值》（DB 44/26—2001）。

此外，针对重点流域，各省市也制定了相应的流域标准。例如，山东省针对重点保护流域设立了污染物排放标准，包括半岛流域各主要河流、南水北调输水干线、小清河流域、海河流域污染物排放标准，以保护和恢复重点流域生态功能，确保流域水环境安全。江苏省为控制太湖水体富营养化，制定了《太湖地区城镇地区水处理厂及重点工业行业主要水污染物排放限值》（DB32/1072—2007），对太湖地区城镇污水处理厂及重点工业行业排放的主要水污染物进行管理控制。福建省针对涧河流域和洪河流域内排污单位分别颁布了流域水污染物排放控制标准。

### 2.1.2 浓度控制的局限性

浓度控制制度对控制污染物排放，尤其是污染物减排起到重要作用，没有任何一

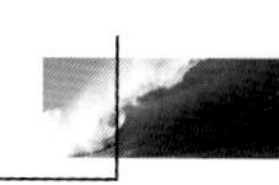

项措施能够达到如此广泛、深刻的作用。然而，浓度控制缺乏对排放时间的规定，不能对污染源的长期排放量进行控制，不可避免地带来浓度达标情况下长期、大量排污所导致的环境污染损害现象。浓度控制的局限性主要体现在：

（1）浓度控制忽视了污染源的排污行为在空间、时间和排放方式上的差异。

规定的排放污染物浓度没有与具体区域的水体稀释扩散自净能力相衔接，没有很好地反映区域水环境保护要求。对于高稀释扩散自净能力的水域，由于没有合理利用其环境容量，是一种资源浪费；而对于低稀释扩散自净能力的水域，即使排放的污染物达到了浓度控制标准，仍会导致水域环境质量持续恶化。此外，不同生产规模的工业点源或具有不同人口总量的市政排污点源，统一的污染源排放标准不能实现污染治理投资的最优化。

（2）排放浓度达标和环境质量达标是两回事。

浓度控制没有考虑到非点源污染情况，未充分考虑排污时间的影响，仅从排污浓度上的控制不能控制排污总量的增加。随着大量工业企业新建扩建，大量达到浓度标准的污染物聚集，加大了区域的水污染负荷，无法达到控制水域污染的目的。而且部分企业为达到浓度标准，不惜利用大量清水进行稀释，污染总量不但没有减少，反而造成水资源的浪费。

## 2.2 陆源污染物排海生物毒性控制

浓度控制和总量控制是基于对水体中污染物含量的化学测定结果而实施的。依靠传统的理化分析方法，可以定量地分析污水中主要污染成分的含量，但不能直接和全面地反映各种有毒物质对环境的综合影响。特别是对于组分复杂、富含重金属和有机物等有毒有害污染物污水的评价和管理还存在诸多缺陷和不足，不能给出这些污染物尤其是复合污染物对生物的毒性、危害性和危害程度等信息。

生物毒性控制作为环境监测与管理的一种有效手段，可通过生物指标更直观地反映污染物对生态环境和人类健康的影响，是对浓度控制和总量控制的有效补充，具有广阔的应用前景。

### 2.2.1 生物毒性技术研究与进展

目前，排海污水的评价和控制主要围绕一些综合性的指标，如 BOD、COD、TP、

TN 和油类等，以及包括部分有毒有害污染物（集中为重金属）指标展开。但这些指标均存在一定的局限性。COD 或 DOC 等指标能较好地评价污水中有机污染物的含量，但不能给出有机物种类的信息，更不能给出这些污染物的毒性、危害性和危害程度。单一指标一般是根据有毒有害污染物对环境的污染状况和其毒性来制定的，但是仅依靠单一物质指标评价入海污水对水质安全还存在以下不足：①污水水质安全保障需控制有毒有害污染物的健康风险和生态风险，而单一指标一般是依据化学物质对人类的健康影响来制定的，较少考虑对生态系统的影响；②污染物毒性效应差别很大，在很多情况下仅从浓度水平无法判断污染物毒性的大小；③有毒有害污染物种类众多，对毒性数据不足、或其毒性没有被认识到的化学物质难以进行控制；④不能反映化学物质间的联合作用（协同、叠加、拮抗等作用）；⑤工业生产中制造和使用的化学物质的种类日趋增加，新的有毒有害化学物质的不断出现将使单一指标越来越多，由于新的有毒有害化学物质在环境中的浓度非常低，这会大大增加分析的难度和分析费用；⑥单一指标的建立往往是滞后的。因此，为保障受纳水体生态系统安全和人体健康，需要转变固有的污水水质评价和控制理念，在控制排海污水中污染物浓度的同时，需要引入一种能够反映污水毒性的综合指标，加强对污水生物毒性的管理和排放削减，对保障水质安全、保护水生生态系统有重要意义。

生物毒性检测技术是通过评价污水或物质对生物的影响以综合评估其毒性的方法。对污水开展生物毒性的监测与评价是目前国内外实施污水中有毒有害污染物控制和评价的基本手段，其不仅可评估污水中未知有毒有害污染物对生物的影响，也可反映污水中众多污染物间复杂的相互作用和污染物的生物可利用性等。将化学监测与生物毒性监测相结合，可有效地评价污染物对环境造成的潜在生态风险，为陆源入海排污的生态风险管理和控制有毒有害污染物排放入海提供科学依据。

生物毒性检测技术按照毒性指标不同，可以分为急性毒性、慢性毒性、遗传毒性和内分泌干扰毒性等检测技术等。常见的毒性检测技术包括蚤类运动抑制/致死试验、发光细菌急性毒性实验、鱼类生长抑制/致死实验等。这些技术受试生物各不相同，体现了对浮游动物、鱼类、藻类和微生物等不同营养级水平水生生物的保护。在污水毒性评估时可根据毒性指标类别和保护对象的不同，选择合适的生物毒性检测技术。

在各类生物毒性检测方法中，以鱼类作为受试生物的毒性检测法具有诸多优点：①鱼类是水生生态系统中重要的组成部分；②鱼类早期发育阶段对污染响应灵敏度高；

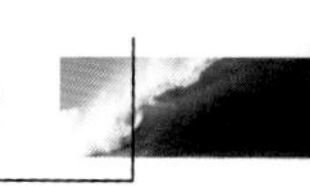

③方法简单；④既可用于急性毒性评价、遗传毒性评价，又可用于生命周期评价等慢性毒性评价。因此，鱼类毒性检测方法目前已成为环境污染物生物毒性评价的常见方法，在许多国家工业污水毒性评价和控制中发挥了重要作用。鱼类的早期发育阶段对污染物暴露极为敏感，且具有较好的生态指示意义，但在现实操作过程中也存在一定的不足。鱼类毒性检测最大的劣势为测试鱼种的长期可获得性相对较差，对于经济鱼种或野生鱼种，其发育具有季节性，不能长期保有。对于海洋模式鱼种，国内尚无完备的养殖或供应基础，不能保障受试材料的稳定可获得，测试单位须具备长期培育海洋模式鱼种的能力或条件。

除鱼类毒性检测方法外，发光细菌毒性检测方法也是一种常用的方法。该方法具有操作简单、耗时短、具有商业化发光菌等优势。为了满足快速检测的需要，以发光细菌毒性测试技术为代表的毒性试验因其特有的优势而备受关注。发光细菌具有独特的生理特性，在正常的新陈代谢生理过程中会发光，凡能够干扰或破坏发光细菌呼吸、生长、新陈代谢等生理过程的任何有毒物质都可以根据发光强度的变化来测定。发光细菌对环境变化敏感且易于保存、与现代光电检测手段相结合具有反应快速、灵敏度高、测试费用低廉等特点，在国内外环境污染、污水毒性评价等生物毒性监测中的应用越来越广泛。

目前针对生物毒性检测技术国内外已经陆续出台了相关的国际标准方法，在检测内容、受试生物、评价方法上均做出了相应的规定，力图所获得的数据具有可比性和重现性。在不同国家，各项生物毒性检测技术的标准化程度各不相同，这与各国关注的毒性指标类型和技术发展密切相关。表 2. 2 给出了各项生物毒性检测技术列入国内外标准、指南等的状况。美国、德国和 ISO 等国家和组织已建立了大量的生物毒性检测技术标准和指南，而我国生物毒性检测技术标准和指南则仍以急性毒性为主，且将其纳入常规的污水排放监控中也刚刚起步。从毒性检测技术类型看，毒性检测技术关注点朝着“急性毒性—慢性毒性/遗传毒性—内分泌干扰性”的方向发展。急性毒性检测技术被许多国家和组织列为标准方法，反映了各国均关注急性毒性指标。慢性毒性、遗传毒性检测技术则被美国、德国等少数国家和组织列为标准，而内分泌干扰检测技术则仅在美国被列入指南。从毒性检测的受试生物类别看，鱼类毒性检测法和蚤类毒性检测法因其方法较为成熟、受试生物类别在水生生态系统中占据重要地位，被较多国家和组织列入标准和指南。

表 2.2　生物毒性检测技术列入国内外标准、指南的状况[16]

| 毒性指标 | 生物毒性检测技术 | ISO | OECD | 中国 | 美国 | 日本 | 德国 | 英国 |
|---|---|---|---|---|---|---|---|---|
| 急性毒性 | 藻类生长抑制试验 | ■ | □ | □ | ■ | ■ | ■ | ■ |
| | 蚤类运动抑制/致死试验 | ■ | □ | ■ | ■ | ■ | ■ | ■ |
| | 鱼类急性毒性试验 | ■ | □ | ■ | ■ | ■ | ■ | ■ |
| | 发光细菌急性毒性试验 | ■ | * | ■ | ■ | * | ■ | ■ |
| 慢性毒性 | 蚤类慢性毒性（生命周期评价）试验 | ■ | □ | * | ■ | * | * | * |
| | 鱼类慢性毒性试验 | ■ | □ | * | ■ | * | ■ | * |
| 遗传毒性 | 细菌回复突变试验 | ■ | □ | □ | ■ | * | ■ | □ |
| | SOS/umu 遗传毒性试验 | ■ | □ | □ | * | * | ■ | * |
| | 微核试验 | ■ | □ | □ | ■ | * | ■ | ■ |
| 内分泌干扰 | 双杂交酵母法 | * | * | * | * | * | * | * |
| | 鱼类内分泌干扰试验 | * | * | * | □ | * | * | * |

■ 表示列入标准；□表示列入指导手册；* 表示尚未列入标准或指南

在国际大背景和我国海洋环境监测与评价需求下，我国环保部门和海洋部门也相继开展了生物毒性技术研究并逐步将其纳于监测业务体系。我国环保部在淡水领域的生物毒性监测方面的研究起步较早，目前已出台淡水样品的发光细菌、藻类、大型蚤和鱼类的检测方法，并形成了国家标准和行业标准，在污染物排放和化合物毒性评价及饮用水健康评价领域发挥了巨大作用。海洋部门多年来也非常重视陆源入海污水生物毒性效应监测与评价工作。自 2006 年以来，国家海洋局逐步将污水综合生物效应监测纳入到业务化监测体系中，采取“先试点，再铺开”的模式，逐步在全国沿海省市开展陆源入海排污口污水综合生物毒性效应监测与评价示范工作。经过不断的发展和完善，综合生物毒性效应监测与评价工作取得了长足的进展，并初步形成了一套完整的监测与评价体系。在受试生物方面，已由单一物种转向多物种多营养级水平上的监测与评价；在评价方法上，由单一物种评价转向基于不同营养级多种生物的综合评价。虽然我国的生物毒性技术研究已取得了很多成果，但由于起步晚、底子薄，目前相关测试技术、试验方法和评价体系方面与国外相比还存在一定差距。

## 2.2.2　生物毒性控制标准

美国、加拿大、德国等发达国家早在 20 世纪七八十年代就已经开始实施污水综合

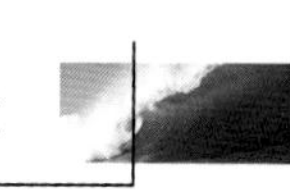

毒性控制，并制定了相关的毒性控制标准。这些标准有效地督促了工业污水处理工艺的改进和优化，保证了工业污水的水质安全，控制了环境污染，保护了水生生态系统健康。我国自2008年起开始对制药、农药、钢铁等行业实施污水毒性控制管理，已颁布的多项工业污染物排放标准中，《生物工程类制药工业水污染物排放标准（GB 21907—2008）》和《化学合成类工业水污染物排放标准（GB 21904—2008）》中均将发光细菌的毒性检测作为必测的排放限值。北京、上海、广州、江苏、浙江和辽宁正考虑将毒性控制指标纳入地方污水排放标准体系中。

各个国家和地方标准中对毒性的表示方式因其控制重点不同而存在较大差异，如表2.3所示。我国目前多关注的是急性毒性，在制药行业和钢铁行业等标准中采用的是基于15 min发光细菌的$HgCl_2$毒性当量法。该方法是以$HgCl_2$作为毒性参照物，反映污染物的毒性风险；在上海市《污水综合排放标准》（DB 31/199—2009）中则以斑马鱼96 h半致死为表示方式，并规定鱼类急性毒性无日均值，任意一次检出即为超标；在北京市《水污染物综合排放标准》（DB 11/307—2013）中也以斑马鱼96 h半致死为表示方式。德国则强调无毒性效应，其采用多物种的最低无效应稀释度为表示方式，可直观反映污水排放到水环境中需要稀释到什么程度才对水生生物无不良影响；而美国、加拿大和爱尔兰等国家以多物种的生物半致死效应为表示方式。

**表2.3　国内外部分污水排放毒性控制标准中的毒性表示方式**

| 国家 | | 急性毒性 | 慢性毒性 | 遗传毒性 |
|---|---|---|---|---|
| 中国 | 制药、农药和钢铁 | $HgCl_2$毒性当量 | —[1] | — |
| | 上海 | $LC_{50}$ | — | — |
| | 北京 | $LC_{50}$ | — | — |
| 美国 | | $100/LC_{50}$[2] | 100/NOEC[3] | — |
| 加拿大 | | $LC_{50}$ | $EC_{50}$[4] | — |
| 德国 | | 最低无效应稀释浓度 | 最低无效应稀释浓度 | 诱导率 |
| 爱尔兰 | | $100/EC_{50}$ | — | — |

注1：“—”表示尚无相关毒性指标要求；2：$LC_{50}$为导致受试生物半数死亡时的水样稀释率,%，如水样稀释到原有浓度的20%时导致50%的生物死亡，其$LC_{50}$为20%；3：NOEC为未导致受试生物发生效应时的水样稀释率,%；4：$EC_{50}$为导致受试生物半数效应时水样稀释率,%，如水样稀释到原有浓度的20%时导致50%的生物发生某效应，其$EC_{50}$为20%。

不同国家不同行业污水毒性控制指标及限值也均存在较大差别。德国、美国、加拿大和我国污水排放标准的生物毒性指标限值见表2.4和表2.5。在德国，化学工业污水对鱼卵、大型蚤、藻类和发光细菌的最低无效应稀释浓度需分别小于 2、8、16 和 32。经 SOS/umu 遗传毒性测试的致突变潜能需低于 1.5。在纸浆、皮革、纺织、焦化和钢铁等行业，则仅要求控制污水对鱼卵毒性，其鱼卵最低无效应稀释浓度限值控制范围为 2~6。美国 EPA 推荐急性毒性最大浓度基准值为 0.3 TUa（TUa 为急性毒性单位，即 $100/LC_{50}$），慢性毒性持续控制浓度基准值为 1 TUc（TUc 为慢性毒性单位，即 100/NOEC）。因此，需要根据我国水生生物环境的生物类别、污水污染物的毒性特征和控制技术水平等因素，研究制定适合我国国情的污水毒性指标和毒性控制限值。

表 2.4　德国不同行业污水排放毒性标准和限值[17]

| 行业 | 对鱼卵非急性毒性 | 对大型蚤急性毒性 | 对藻类急性毒性 | 对发光细菌急性毒性 | 致突变潜能 |
|---|---|---|---|---|---|
| 造纸 | 2 | | | | |
| 化工 | 2 | 8 | 16 | 32 | 1.5 |
| 电厂冷却水 | 2 | 4 | | 4 | |
| 皮革 | 2 | | | | |
| 纺织 | 2 | | | | |
| 煤焦化 | 2 | | | | |
| 废物处置 | 2 | 4 | | 4 | |
| 钢铁 | 2~6 | | | | |
| 金属加工 | 2~6 | | | | |
| 印刷和出版 | 4 | | | | |
| 橡胶 | 2 | | | 12 | |

表 2.5　不同国家污水排放毒性标准和限值

| 行业 | 中国 | 加拿大 | 美国 |
|---|---|---|---|
| 制药行业 | 0.07 mg/L[1] | | 急性毒性最大浓度基准：0.3 $TU_a$[4] |
| 金属加工 | 0.07 mg/L[1] | 50%[2] | |
| 造纸和制浆 | | 50%[2] | 慢性毒性持续控制浓度基准：1 $TU_c$[4] |
| 其他 | 50%[3] | | |

注 1. 中国制药废水和金属等行业毒性指标采用发光细菌法测试，结果以 $HgCl_2$ 毒性当量浓度表示；2. 加拿大毒性指标采用虹鳟鱼急性毒性测试，结果以导致受试生物半数死亡时的水样稀释率（%）表示；3. 中国上海和北京等地方污水排放标准中毒性指标采用斑马鱼急性毒性测试，结果以污水样品原液导致受试生物 96 h 死亡率低于 50% 表示；4. 急性、慢性毒性试验均需不少于 3 个种，$TU_a$ 为急性毒性单位，为导致受试生物半数死亡时的水样稀释率,%；$TU_c$ 为慢性毒性单位，为未导致受试生物发生效应时的水样稀释率,%。

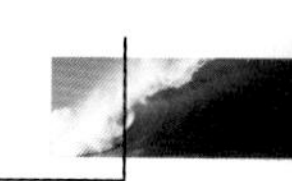

随着陆源排污监管力度的加大，有毒有害污染物的控制将逐渐成为我国污水污染治理和排放管理工作的重要内容。然而，仅仅利用常规水质指标无法客观准确地评价污水的安全性，因此在控制和评估污水中污染物浓度的同时，重视污水生物毒性管理和排放削减，建立基于毒性控制的污水水质安全评价和陆源排污监管体系，对有效控制陆源污水入海、改善近岸海洋环境质量和保障水环境安全具有重要意义。

## 2.3 陆源污染物排放总量控制

污染物总量控制又称污染物排放总量控制、污染负荷总量控制或污染物流失总量控制，是指在一定时间内综合经济、技术和社会等条件，采取通过向环境排放污染物的污染源规定污染物允许排放量的形式，将一定空间范围内污染源产生的污染物量控制在环境质量容许限度内而实行的一种污染控制方法[18]。总量控制是一种科学的污染控制制度，不仅是将总量控制指标或削减指标简单地分配到污染源，而是将区域定量管理和经济学的观点引入到环境保护的总量考虑中，相对于浓度控制而言，总量控制的优点非常突出：

——总量控制符合市场经济的实际，只管理到污染源（企业）的总排放量，企业可以自动选择成本低的削减污染的方式，管理方式具有针对性和灵活性。

——总量控制不仅考虑到污染物的排放浓度，也考虑到污染物载体的量，避免“稀释达标”现象。

——总量控制强化了法律手段，凡超过限定的排污指标排放的或不能达到限期治理的都要负法律责任。

——总量控制把整个控制单元作为一个系统加以保护，将污染源排污限额和水质保护目标直接联系起来，既可保证水环境保护目标的实现，又可充分利用水环境的纳污容量。

——总量控制使环境污染限期治理和达标排放、集中控制及“三同时”制度的实施更有的放矢，并为引入市场机制的环境政策如排污许可证和排污权交易提供了机会。

### 2.3.1 总量控制的类型

按环境质量目标的不同表达方式，总量控制策略可分为目标总量控制、容量总量控制、行业总量控制 3 种类型[19]。按照地理类型划分，则可将总量控制划分为城市总量控制、水流域总量控制、区域总量控制；按污染物类型的物理形态划分的有水环境总量控制、大气环境总量控制、声学环境总量控制等[20]。海域污染物总量控制可分为4种类型：区域环境质量目标控制、海域允许纳污总量控制、陆源排污入海目标总量控制、海洋产业排污总量控制[21]。这4类虽然在表现形式和操作方法上存在差异，但其核心都是控制海域污染。

区域环境质量目标控制是以区域经济规划为前提，以海洋功能区划和海洋开发规划对环境的基本质量要求为基础，预测海域环境变化趋势，制定海域污染防治规划，建立海域目标要求下的区域环境控制的目标体系和时空规划，按照海域环境总体质量发展和海洋开发利用需求进行总体环境质量控制的管理行为。

海域允许纳污总量控制与其他区域的容量总量控制理论相似，是在对海域环境容量和纳污能力的研究与评价基础上，确定海域污染源强度与目标间相应关系，确定海域最大允许负荷量，并以此反推各排污源的排污总量，有效利用海域纳污能力，确定分担率和各排污口削减率，实现海域环境目标和控制排污强度的目的。

陆源排污入海目标总量控制与其他区域的目标总量控制相近。是以某个重点区域、重点治理设施、重点污染源的排污口为总量控制的直接目标，进行区域内各个排污口的排污总量分配，所选的特定污染源的总量控制目标是与海域环境质量标准相对应的。控制对象是某河流、某排污口、某控制断面等。目标总量控制的制定标准是海域排污总量控制规划、海域的环境质量目标、维持现状的排污总量目标以及排海标准等。

海洋产业污染总量控制是配合全国行业排污总量控制所进行的海域控制行为。其对海洋污染防治的贡献尚未形成定量的概念，是建立在海洋产业排污清单和控制总量目标的基础上，对海洋产业总体发展提出产业排污总量控制的目标和规划。

### 2.3.2 总量控制的研究现状

自20世纪70年代起，沿海国家相继开展了陆源污染物排放总量控制管理研究。美国、日本以及欧盟等一些发达国家实施以污染物排放总量控制为核心的水环境管理制度，对保证流域和区域水环境质量起到了积极作用[22]。

美国是最早开始实行总量控制的国家之一。1972年开始美国在全国范围内实行水污染物排放许可证，即“泡泡政策”。《联邦水污染控制法修正案》的通过从立法上确定了美国水污染控制的法律地位。1983年正式立法，实施以水质限制为基点的排放总量控制。美国总量控制的实施包括3个阶段：第一阶段是以技术为基础的总量控制，

主要针对工业点源和城市生活源的控制；第二阶段是全面推广阶段（1983—1996 年），是以水质限制为基础的总量控制；第三阶段是总结提高深入发展阶段（1997 年—至今），是以生态系统健康为目标的总量控制。

美国的 TMDL 技术（Total Maximum Daily Loads）是当前国际上较为先进的污染物总量控制技术。TMDL 技术是指在满足水质标准的条件下，水体能够接受某种污染物的最大日负荷量。TMDL 的目标是将可分配的污染负荷分配到各个污染源，包括点源、非点源，同时要考虑安全临界值和季节性的变化，从而采取适当的污染控制措施来保证目标水体的达标。经过 40 多年的发展，TMDL 计划已在整个美国广泛实施，在点源和非点源污染综合控制方面成效显著。以切萨皮克湾（Chesapeake Bay）的总量控制制度为例，美国在该湾建立综合性的排污总量控制制度，即采用流域模型（HSPF+NPS）进行入海污染源的时空归并，采用海湾三维水动力模型用于确定主要污染物的浓度控制目标，在此基础上提出悬浮物、粪大肠菌群等的每日最大允许排污负荷（TMDLs）。通过数十年实施一系列 TMDL 策略，美国实现了对切萨皮克湾水质状况、底栖生态状况等的明显改善。

日本在 1971 年开始对水质总量控制计划问题进行了研究，并于 1973 年制定的《濑户内海环境保护临时措施法》中，首次在废水排放管理中引用了总量控制，以 COD 指标限额颁发许可证[23]。1984 年日本的水质污染总量控制制度在污染显著的广阔封闭性水域东京湾、伊势湾及濑户内海实行，并严禁无证排放污染物。在濑户内海按整个海区功能和水体质量历史、现状来划分水质要求。应用水质超标率评价海区环境质量，确定削减目标。并施行区域环境管理计划，在濑户内海相关区域内划分出 13 个环境管理计划执行区域。以达到环境要求基准值为目标，实施排水控制、生活污水处理、污泥疏浚、监视监测等一系列综合区域防治计划。这 13 个计划区域的总面积不超过濑户内海全区的 15%，但却是工业和人口集中的地域。在东京湾也采用分区管理的方案，将东京湾流域分为 5 个区域，以各都、县的流域综合整治计划组成了东京湾环境恢复与建设规划框架。由于采取了上述方法，日本的这 3 个海湾 80% 以上的污染大户受到控制，水环境状况得到改善[24-25]。

德国在采用总量控制管理方法后，也使莱茵河水质得到明显好转。瑞典、俄罗斯、韩国、罗马尼亚、波兰等国也是总量控制实施效果比较好的国家。

我国的水环境污染物总量控制研究始于 20 世纪 70 年代末，在松花江流域实行生化需氧量（BOD）为指标的总量控制，逐步开始了环境污染物总量控制研究。上海于

1985年实行了污染物排放总量控制制度。“七五”期间，长江、黄河、淮河部分河段和白洋淀、胶州湾等水域陆续开始实行总量控制规划，进行水环境功能区划和排污许可证发放的探索。国家环保局于1988年开始实施的以总量控制为核心的《水污染排放许可证管理暂行办法》和排放许可证试点工作，标志着我国进入总量控制的新阶段。1996年全国人大通过的《国民经济和社会发展“九五”计划和2010年远景目标纲要》中，将污染物排放总量控制作为环境保护的一项重大举措。采用水环境污染物排放总量控制，可以有效地克服多年来我国一直实行的水污染物浓度控制遗留的弊端，从宏观上把握水污染情势，确保环境质量得到逐步改善和提高。

目前，我国对水环境污染物实施总量控制的主要是8个水污染指标，即COD、石油类、氰化物、砷、汞、铅、镉、六价铬，没有对总氮、总磷、叶绿素a、沉积物、病原菌等实施总量控制计划[26]。地方各级可根据本地区的地理特点、规划布局、经济发展、环境状况等各种因素，分别采用相应的控制方式，包括区域总量控制、水系总量控制、行业总量控制、特定污染物的总量控制等。总的来说，当前我国的水环境污染物总量控制计划主要采用的是目标总量控制，容量总量控制较少。实施的总量控制只包括点源污染，而没有把非点源污染考虑在内。

### 2.3.3 重点海域排污总量控制研究

陆源污染物排放总量控制是实现社会经济可持续发展方式的基本内容，也是综合解决当前海洋环境污染问题的有效手段[27]。中华人民共和国《海洋环境保护法》中第三条规定，“国家建立并实施重点海域排污总量控制制度，确定主要污染物排海总量控制指标，并对主要污染源分配排放控制数量”，确定了总量控制技术在我国海洋环境保护领域的重要地位。

我国重点海域排污总量控制始于对近岸特定海域环境容量的科学研究。自20世纪80年代中期开始，我国科学家对近海海域的污染物自净能力和环境容量做了一些有益的研究，在水污染物的物理、生物、化学以及地球化学迁移转化过程对环境容量的影响等方面取得了一些有价值的成果，关于近岸海域环境容量及污染物总量控制方案设计等的研究项目也相继展开。1995年，国家海洋局启动了“大连湾、胶州湾陆源排污入海总量控制研究”项目，进行半封闭类型海湾排污入海总量控制模型研究。研究人员以封闭、半封闭海湾为对象，对陆源入海污染物展开了环境容量及总量控制研究[28-33]。这些研究所采用的水动力和水质数值模拟技术也从箱式模型发展到三维水质

模型，但所提出的陆源排污总量控制与分配方案也仅涉及各类污染源的入海口。

近年来，相关研究项目把特定海域允许排污总量逐级分配到流域范围内的陆源排污控制管理单元，进一步深化了陆海统筹的思路。崔正国[34]将黄河、海河、滦河和辽河下游对河流水质影响较大的城市分别归到相应河流入海口所在城市，并依据多目标非线性规划原理研究了环渤海 13 城市的 COD 与 DIN 的总量控制方案。赵喜喜[35]基于三维水动力-生物地球化学过程耦合数值模型，考虑生化降解过程，采用排海通量最优化法计算了复州河、大辽河等环渤海 11 条河流的 COD 流域分配容量。乔旭东[36]从排污管理区的角度将汇水区、集污区和直排海企业三者进行了综合考虑，并以镇（或街道办）作为最小行政区对青岛市进行了排污管理区划分。

总的来说，我国的污染物总量控制的研究还处于探索实验阶段，研究成果远不能满足环境管理与规划的需要，仍然没有达到控制污染源，改善水环境质量的显著效果[37]。目前的研究和应用成果主要分为 3 类：第一类是立项的科技项目，所研究的海域都比较分散，对全国近岸重点海域的覆盖度不足，所获取的研究成果需要进一步比较分析和验证，无法直接作为支撑管理的技术依据；第二类是海洋环保部门开展的研究和应用工作，目前主要以渤海和重点海域为试点开展有关入海污染物总量和环境容量的监测评估工作，以及与环保部门在九龙江流域-厦门湾海域合作开展的陆源排污总量控制的关键技术研发和试点应用工作，总体仍处于技术研发和试点阶段；第三类是由地方政府主导的重点海域排污总量控制支撑技术研发和应用工作，主要是福建、浙江、山东等在所辖重点海湾开展了大量工作，并积累了一定的支撑技术和成功经验。但从全国的角度来看，海洋部门在近岸海域实施排污总量控制制度目前还存在很多问题，包括水环境功能区划与行政划分不统一、科学研究与管理结合效率低、对海域总量控制的立法缺失等问题。

# 3 秦皇岛区域概况

## 3.1 自然地理和社会经济概况

### 3.1.1 自然地理

秦皇岛市位于华北与东北过渡地带河北省的东北部，39°24′—40°37′N，118°33′—119°51′E，南临渤海，北依燕山，东北接辽宁省葫芦岛市绥中、建昌两县和朝阳市的凌源市，西北临河北省承德市宽城满族自治县，西靠唐山市的滦县、迁安、迁西、滦南4县。东距沈阳404 km，西南距石家庄483 km，西距首都北京280 km，距天津220 km，位于最具发展潜力的环渤海经济圈中心地带，是东北与华北两大经济区的接合部。秦皇岛市辖北戴河、山海关、海港区3个市辖区和抚宁、昌黎、卢龙、青龙满族自治县4个县，总面积7 812.4 $km^2$，截至2011年底全市总人口已达到300万人。秦皇岛交通便捷，通信发达。秦沈客运专线、京哈铁路、津山铁路、大秦铁路四条铁路干线和京哈高速公路、沿海高速公路、承秦高速公路、102国道、205国道贯穿全境。

秦皇岛市位于燕山山脉东段丘陵地区与山前平原地带，地势北高南低，形成北部山区-低山丘陵区—山间盆地区—冲积平原区—沿海区的地形特征。北部山区位于秦皇岛市青龙满族自治县境内，海拔在1 000 m以上的山峰有都山、祖山等4座。低山丘陵区主要为北部的山间丘陵区，海拔一般在100~200 m之间，集中分布于卢龙县和抚宁县，该区是秦皇岛市甘薯、旱粮及工矿区。山间盆地区位于秦皇岛市西北和北部区域的抚宁、燕河营、柳江3处较大盆地。气候类型属于暖温带半湿润大陆性季风气候。因受海洋影响较大，气候比较温和，春季少雨干燥，夏季温热无酷暑，秋季凉爽多晴天，冬季漫长无严寒。

秦皇岛市辖区海岸带地形为丘陵地区与平原地区共存，海岸线东起山海关，西至昌黎县滦河口，途径山海关船厂、老龙头、乐岛、港务局、鸽子窝公园、七里海等重

要码头、景区，总长 162.7 km。自然岸线主要为基岩岸线和砂质岸线，基岩岸段北起冀辽交界的张庄，南至戴河口。砂质岸段北起戴河口，南至唐山大清河口，岸滩主要由中细砂组成，以滦河口为界，分为南北两段。北段沿岸发育一系列高大的链状沙丘，为典型的风成沙丘海岸。人工岸线包括防潮堤、防波堤、护坡、挡浪墙、码头、防潮闸以及道路等挡水（潮）构筑物。近岸海域表层沉积物主要以砂为主，其次是粉砂质砂和砂质粉砂；区内颗粒粒径由北向南变小。其中，山海关-秦皇岛-北戴河为基岩岬湾式海岸，在滨海浅滩外缘，为海流堆积平原，沉积物以砂、砂质粉砂、粉砂质砂为主；洋河口-滦河口，沉积物以粉砂为主。

### 3.1.2 社会经济

1990—2011 年期间秦皇岛市总体经济呈现飞跃式发展的特点。1990 年秦皇岛市地区生产总值仅为 48.49 亿元，经过 20 多年的快速增长，2011 年地区生产总值攀升至 1 070.08 亿元，在“十二五”开局之年实现经济总量突破千亿元大关。2011 年秦皇岛市 GDP 总量占河北省经济总量的 4.36%，达到唐山市经济总量的 19.66%，是石家庄市 GDP 的 26.21%。21 年间，秦皇岛市 GDP 增加了 21 倍，年均增速高达 15.88%，接近同期河北省 GDP 年均增速，其中，1990—2000 年期间秦皇岛市 GDP 年均增速为 18.29%，2000—2011 年期间秦皇岛市 GDP 年均增速为 13.72%，如图 3.1 所示。

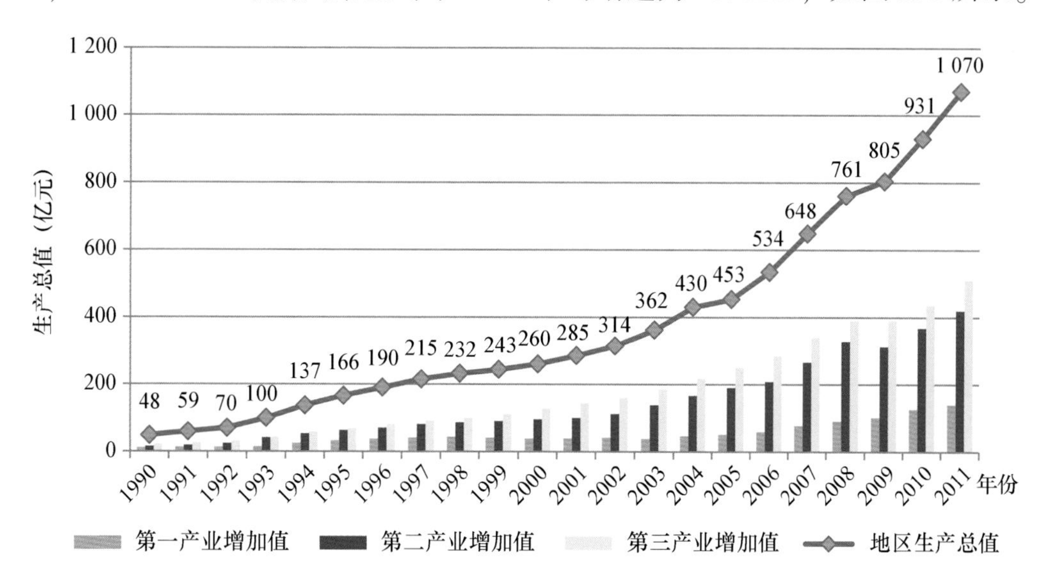


图 3.1 1990—2011 年秦皇岛市地区 GDP 及三次产业增加值

从产业结构上看，秦皇岛市三次产业占 GDP 比重经历过小幅波动，但总体产业结构呈现“三二一”的特点。1990 年秦皇岛市第一、第二、第三产业增加值分别为 11.8 亿元、15.31 亿元、21.38 亿元，占 GDP 比重分别为 24.33%、31.57%、44.09%；2011 年第一、第二、第三产业增加值分别为 139.94 亿元、419.48 亿元、510.66 亿元，比重变更为 13.08%、39.20%、47.72%。1990—2011 年期间第一产业比重呈现波动下降的趋势，由 1990 年的最大值 24.33%降至 2011 年的 13.08%，在 1990—1993 年和 1996—2003 年间都经历了较大幅度的下降，之后均出现小幅回升，在 2003 年降至最小值 10.77%；第二产业比重在 30%~40%之间浮动，于 1993 年、2005 年、2007 年和 2008 年突破 40%，2008 年后第二产业比重有了小幅回落；第三产业所占比重始终保持在 40%以上，领先于第一产业和第二产业，在 2005 年达到最大值 55.17%，如图 3.2 所示。

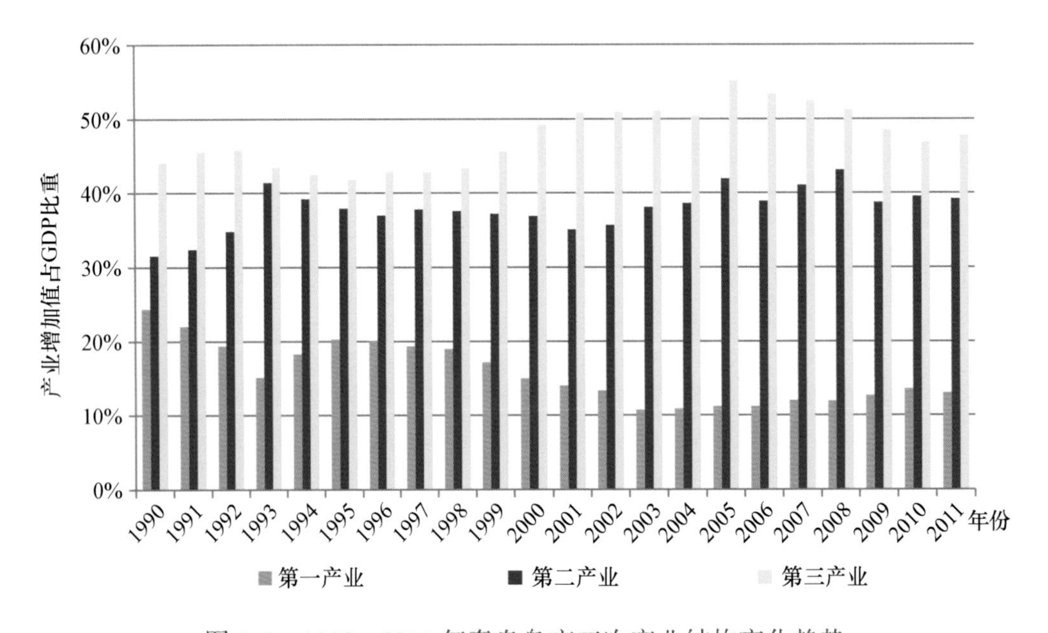

图 3.2　1990—2011 年秦皇岛市三次产业结构变化趋势

1990—2011 年间秦皇岛市人口总数保持了平稳增长。2011 年秦皇岛市总人口数为 300.62 万人，如图 3.3 所示，在 1990 年的基础上增长了 21.91%，1990—2011 年总人口年均增速达到 0.95%。

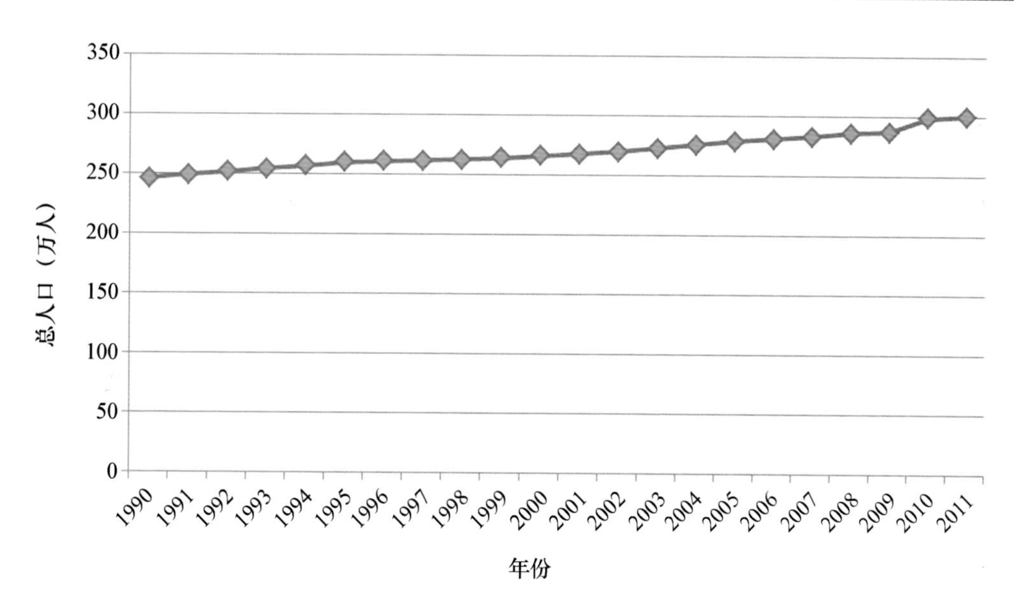

图 3.3　1990—2011 年秦皇岛市总人口

## 3.2　陆源产污特征分析

### 3.2.1　农业产污特征分析

秦皇岛除了工业用地和市政用地以外，农业用地面积约占秦皇岛陆域总面积的 25%，主要农业经济活动类型包括：种植业（粮食 $14.78\times10^4$ $hm^2$，蔬菜 $4.52\times10^4$ $hm^2$）、畜禽养殖业（肉类 $32.74\times10^4$ t）、水产养殖业（水产品 $20.88\times10^4$ t），由此可能产生的总氮、总磷、粪大肠菌群、石油类、农药等污染物也可能对海洋环境产生影响。土地利用类型如图 3.4 所示。

### 3.2.2　工业污染和生活污水产污特征分析

在系统收集 2012 年《秦皇岛统计年鉴》和《中国环境年鉴》中的相关数据资料的基础上，对秦皇岛市的主要行业类型、取水量以及各行业排污特征等进行综合分析，通过对工业取水量指标（生活污水为排放量）的排序，筛选出秦皇岛市主要的工业污染来源以及主要的特征污染物，结果如表 3.1 所示。

根据秦皇岛市主要行业类型及取水量、生活污水量、特征污染物类型等，分别对不同污染指标的取水量加和，得到其取水量指数并排序，所得结果见图 3.5。由此可以

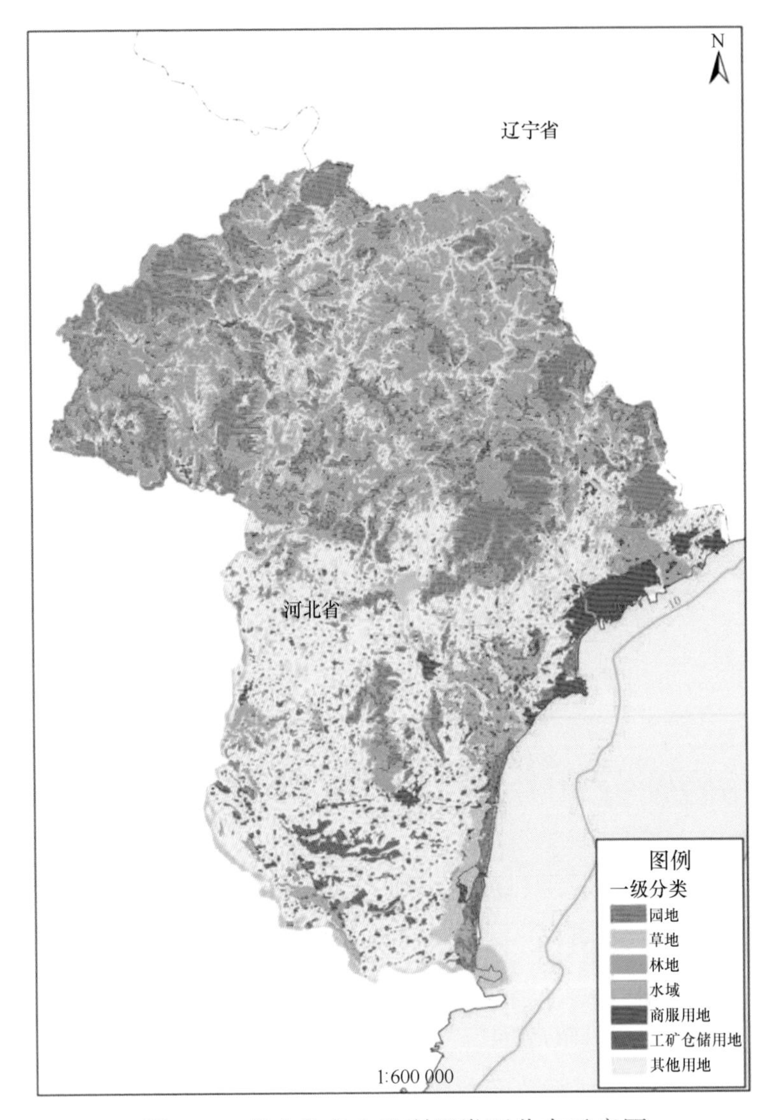


图 3.4　秦皇岛市土地利用类型分布示意图

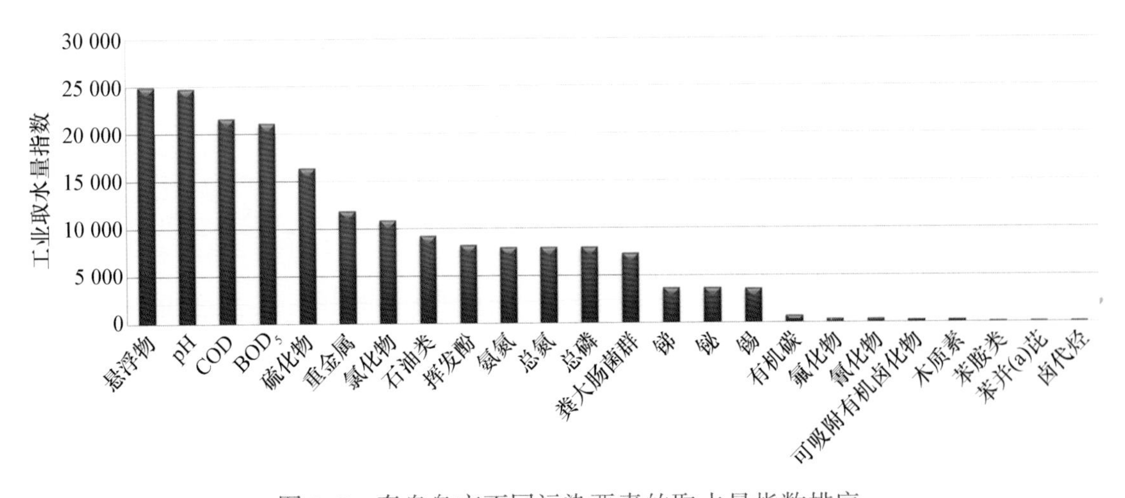


图 3.5　秦皇岛市不同污染要素的取水量指数排序

**表 3.1 秦皇岛市主要工业取水量、生活污水排放量及特征污染物**

| 序号 | 行业 | 名称 | 工业取水量 ($\times10^4$ $m^3$)[a] | 特征污染物[b] | |
|---|---|---|---|---|---|
| | | | | 主要污染物 | 其他污染物 |
| 1 | 电力 | 热电生产业 | 12342 | pH、悬浮物、硫化物、COD、温度、余氯 | $BOD_5$ |
| 2 | 采矿业 | 黑色金属矿采选业 | 2306 | pH、悬浮物、重金属[c] | 硫化物、锑、铋、锡、氯化物 |
| 3 | | 黑色金属制造业 | 1214 | pH、悬浮物、重金属 | 硫化物、锑、铋、锡、氯化物 |
| 4 | 制造业 | 农副食品加工业 | 627 | pH、COD、悬浮物、氨氮、硝酸盐氮、动植物油 | $BOD_5$、总有机碳、铝、氯化物、挥发酚、铅、锌、油类、总氮、总磷 |
| 5 | | 交通运输设备制造业 | 386 | COD、悬浮物、油类、重金属 | |
| 6 | | 非金属矿物制造业 | 277 | pH、悬浮物、COD、重金属 | 油类、$BOD_5$ |
| 7 | | 造纸业 | 216 | 酸度（或碱度）、COD、可吸附有机卤化物（AOX）、pH、挥发酚、悬浮物、色度、硫化物 | $BOD_5$、木质素、油类 |
| 8 | | 通信设备及电子制造业 | 193 | pH、COD、氰化物、重金属 | $BOD_5$、氟化物、油类 |
| 9 | | 饮料制造业 | 130 | pH、COD、悬浮物、氨氮、粪大肠菌群 | $BOD_5$、细菌总数、挥发酚、油类、总氮、总磷 |
| 10 | | 化学原料制造业 | 105 | 酸度（或pH）、硫化物、重金属、悬浮物 | 汞、砷、氟化物、氯化物、铝 |
| 11 | | 有色金属制造业 | 101 | pH、COD、悬浮物、氰化物、重金属 | 硫化物、铍、铝、钒、钴、锑、铋 |
| 12 | | 设备制造业 | 73 | COD、石油类、重金属 | |
| 13 | | 医药制造业 | 30 | pH、COD、油类、总有机碳、悬浮物、挥发酚 | $BOD_5$、苯胺类、硝基苯类、氯化物、铝 |
| 14 | | 食品制造业 | 25 | pH、COD、悬浮物、氨氮、硝酸盐氮、动植物油 | $BOD_5$、总有机碳、铝、氯化物、挥发酚、铅、锌、油类、总氮、总磷 |
| 15 | | 金属制品业 | 19 | pH、悬浮物、COD、挥发酚、氰化物、油类、六价铬、锌、氨氮、重金属 | 硫化物、氟化物、$BOD_5$、铬、硫化物、铍、铝、钒、钴、锑、铋 |
| 16 | | 纺织业 | 15 | pH、色度、COD、悬浮物、总有机碳、苯胺类、硫化物、六价铬、铜、氨氮 | $BOD_5$、总有机碳、氯化物、油类、二氧化氯 |

**续表 3.1**

| 序号 | 行业 | 名称 | 工业取水量 ($\times 10^4\ m^3$)[a] | 特征污染物[b] | |
|---|---|---|---|---|---|
| | | | | 主要污染物 | 其他污染物 |
| 17 | 制造业 | 服装制造业 | 15 | 酸度（或碱度）、COD、可吸附有机卤化物（AOX）、pH、挥发酚、悬浮物、色度、硫化物 | $BOD_5$、木质素、油类 |
| 18 | | 电气机械及器材制造业 | 13 | pH、COD、悬浮物、油类、重金属 | $BOD_5$、总氮、总磷 |
| 19 | | 塑料制品业 | 8 | COD、油类、总有机碳、硫化物、悬浮物 | $BOD_5$、氯化物、铝 |
| 20 | | 煤气生产业 | 4 | pH、悬浮物、COD、油类、重金属、挥发酚、硫化物 | $BOD_5$、多环芳烃、苯并（a）芘、挥发性卤代烃 |
| 21 | | 木材加工业 | 2 | COD、悬浮物、挥发酚、pH、甲醛 | $BOD_5$、硫化物 |
| 22 | | 石油加工业 | 2 | COD、悬浮物、油类、硫化物、挥发酚、总有机碳、多环芳烃 | $BOD_5$、苯并（a）芘、苯系物、铝、氯化物 |
| 23 | | 有色金属矿采选业 | 1 | pH、COD、悬浮物、氰化物、重金属 | 硫化物、铍、铝、钒、钴、锑、铋 |
| 24 | | 非金属矿采选业 | 1 | pH、悬浮物、COD、重金属 | 油类、$BOD_5$ |
| 25 | | 家具制造业 | 1 | COD、悬浮物、挥发酚、pH、甲醛 | $BOD_5$、硫化物 |
| 26 | | 生活污水 | 7195[d] | pH、COD、悬浮物、氨氮、挥发酚、油类、总氮、总磷、重金属、粪大肠菌群 | $BOD_5$、氯化物 |

注：a. 工业取水量数据摘自《2012 年秦皇岛统计年鉴》。

b. 各行业特征污染物引自《陆源入海排污口及邻近海域监测技术规程》（HY/T 076—2005）及相关行业排放标准。

c. 重金属主要包括 Hg、Cr、Cr（VI）、Cu、Pb、Zn、Cd 和 Ni。

d. 主要指生活污水的排放量，数据引自《2012 年中国环境统计年鉴》沿海主要城市生活污水排放量。

初步地评估主要特征污染物的污染负荷，进而初步得出秦皇岛市潜在的主要陆源污染指标，包括：悬浮物、pH、COD、$BOD_5$、硫化物、重金属（Hg、Cr、Cr（VI）、Cu、

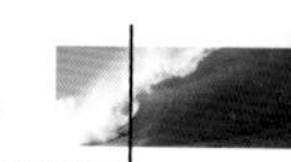

Pb、Zn、Cd、Ni)、氯化物、石油类、挥发酚、氨氮、总氮、总磷、粪大肠菌群、锑、铋、锡、氰化物、苯并（a）芘等。

## 3.3 陆源入海污染源排污压力

### 3.3.1 秦皇岛市主要入海污染源

对秦皇岛近岸的44个入海污染源进行了现场调查，空间分布如图3.6所示。其中污水和污染物排放量较大、对近岸海域环境影响比较显著的入海污染源有：大蒲河、人造河、洋河、新开河、石河、汤河、小汤河、戴河、新河、滦河、北戴河西部污水处理厂排污口、山海关开发区总排口、船厂污水处理站排污口共计13个，主要入海污染源的基础信息如表3.2所示。

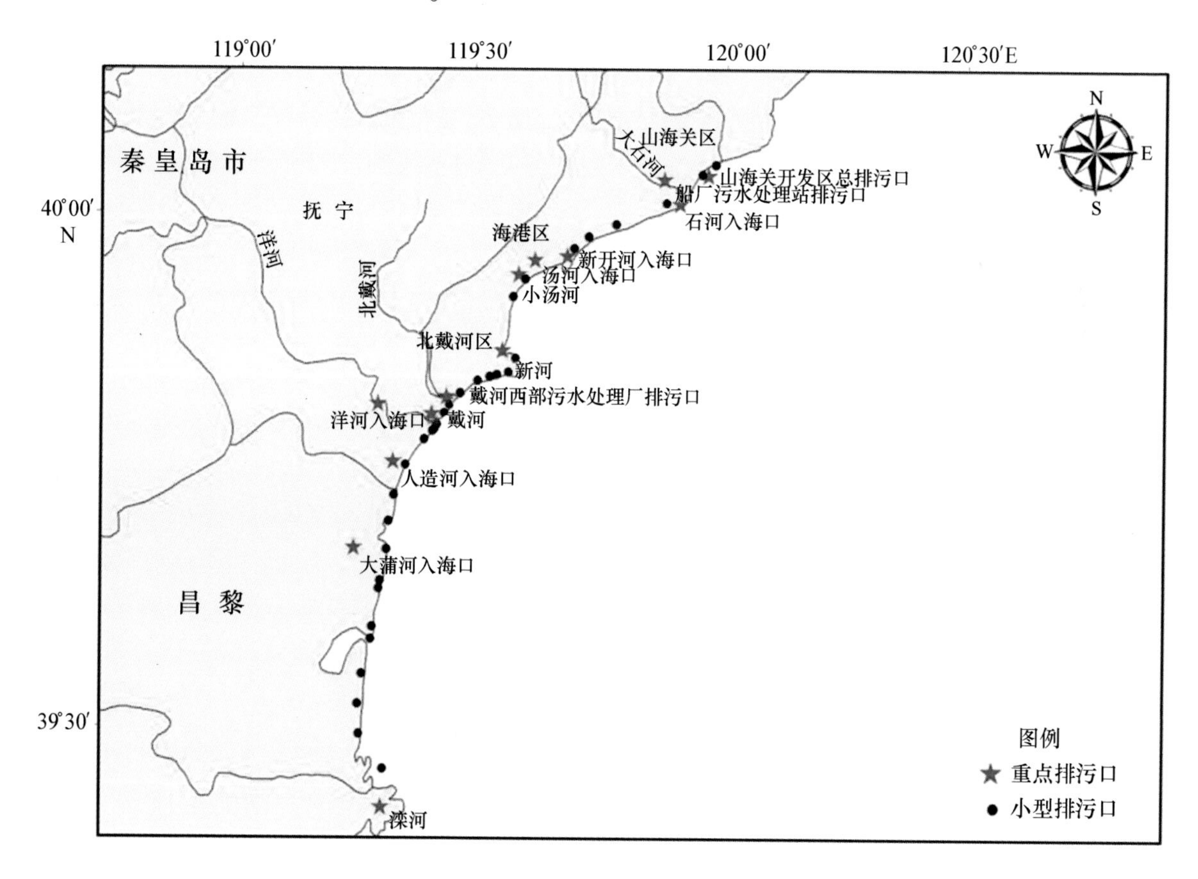


图3.6 秦皇岛沿海主要陆源入海污染源分布示意图

表 3.2　秦皇岛市重点陆源入海污染源信息统计

| 序号 | 排污口/河流名称 | 河流/排污口信息 | 污染来源 |
| --- | --- | --- | --- |
| 1 | 大蒲河入海口 | 自然河流，全长 44 km，流域面积 534 $km^2$ | 工业企业 |
| 2 | 人造河入海口 | 人工泄洪渠，全长 8 km，河面宽约 30 m | 工业企业 |
| 3 | 洋河入海口 | 自然河流，全长 110 km，流域面积 1 109 $km^2$，入海口处设有橡胶坝 | 工业企业及市政排污 |
| 4 | 新开河入海口 | 人工潟湖入海的潮汐汊道，目前为中级港口 | 工业企业及市政排污 |
| 5 | 石河入海口 | 全长 67.5 km，流域面积 618 $km^2$，功能主要为灌溉、泄洪等，入海口处设有橡胶坝 | 工业企业 |
| 6 | 北戴河西部污水处理厂排污口 | 洋河橡胶坝下游入海，日污水处理能力 $7\times10^4$ t | 工业及市政污水 |
| 7 | 山海关开发区总排污口 | 典型市政排污渠道 | 工业及市政污水 |
| 8 | 汤河入海口 | 泄洪河流，全长 28.5 km，流域面积 184 $km^2$，入海口处设有橡胶坝 | 工业企业及市政排污 |
| 9 | 船厂污水处理站排污口 | 船厂内部污水处理设施，污水直接入海 | 厂内工业废水 |
| 10 | 新河 | 北戴河区的主要市政河流，入海口处设有橡胶坝 | 主要以市政排污为主 |
| 11 | 新开口 | 又名七里海入海口，河口处潮汐现象明显 | 农业排污为主 |
| 12 | 戴河 | 自然河流，全长 35 km，流域面积 290 $km^2$ | 工业主要为化肥制造及沿途市政排污 |
| 13 | 滦河 | 全长 877 km，流域面积 44 750 $km^2$ | 工业、农业和市政 |

## 3.3.2　陆源入海污染源排放特征

### 3.3.2.1　水质超标情况

2013 年 5 月和 8 月对秦皇岛市入海污染源进行了现场调查。总体上看，秦皇岛市沿岸直排入海的工业排污口相对较少，工业及市政排污多主要通过河流排放入海。区域上，水质较差的入海污染源主要分布于山海关区及秦皇岛市内，山海关区域主要以工业排污口为主，秦皇岛市内则主要以市政排污为主，工业排污为辅。污染较为严重的入海污染源主要表现为：水质黑臭、水体缺氧、生化需氧量较高。

其中，5 月调查的秦皇岛入海排污口中，按照《污水综合排放标准》（GB 8978—1996）评价，北戴河西部污水处理厂排污口和船厂污水处理站排污口均未超标，山海

关开发区总排污口 COD 和总磷超标，小汤河 COD、$BOD_5$、氨氮和总磷超标；8 月，山海关开发区总排污口和船厂污水处理站排污口 COD 和总磷超标，北戴河西部污水处理厂氨氮超标，小汤河 COD 和 $BOD_5$超标。

对主要入海河流按照《地表水环境质量标准》（GB 3838—2002）进行评价，5 月除大蒲河为劣Ⅴ类水质外，其他入海河流均以第 III 类和第 IV 类地表水水质为主，而 8 月入海河流水质状况较差，除洋河、新开河和滦河水质为第 III 类外，其余入海河流水质均为劣 V 类。入海河流污染要素主要为 COD、氨氮和总磷，如表 3.3 所示。

**表 3.3　2013 年 5 月和 8 月秦皇岛市主要入海河流水质评价结果**

| 河流名称 | 水质类别 | 主要污染物 | 水质类别 | 主要污染物 |
|---|---|---|---|---|
| | 5月 | | 8月 | |
| 新开河 | 第 IV 类 | | 劣 V 类 | COD |
| 戴河 | 第 V 类 | | 劣 V 类 | COD |
| 新河 | 第 III 类 | | 劣 V 类 | COD、总磷 |
| 大蒲河 | 劣 V 类 | 氨氮、总磷 | 劣 V 类 | 氨氮、总磷 |
| 石河 | 第 III 类 | | 第 III 类 | |
| 人造河 | 第 IV 类 | | 劣 V 类 | 氨氮、总磷 |
| 洋河 | 第 IV 类 | | 第 III 类 | |
| 汤河 | 第 III 类 | | 劣 V 类 | COD |
| 滦河 | 第 III 类 | | 第 III 类 | |

### 3.3.2.2　入海水量统计

1）年际入海水量

根据历史资料，秦皇岛主要入海污染源的年入海水量变化趋势如图 3.7 和图 3.8 所示，2000—2005 年入海水量呈现偏低的趋势，滦河的入海水量最大。

2）月际入海水量

以 2013 年为例，监测结果显示 7 月、8 月、9 月为秦皇岛的丰水季节，这 3 个月的入海水量之和达到全年总量的 60%以上，如图 3.9 和图 3.10 所示。

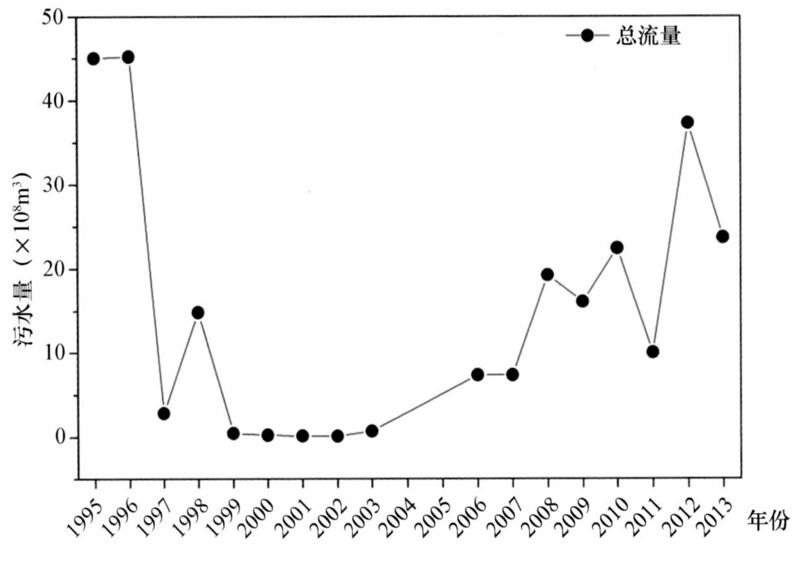


图 3.7　秦皇岛主要入海污染源入海水量的年际变化趋势

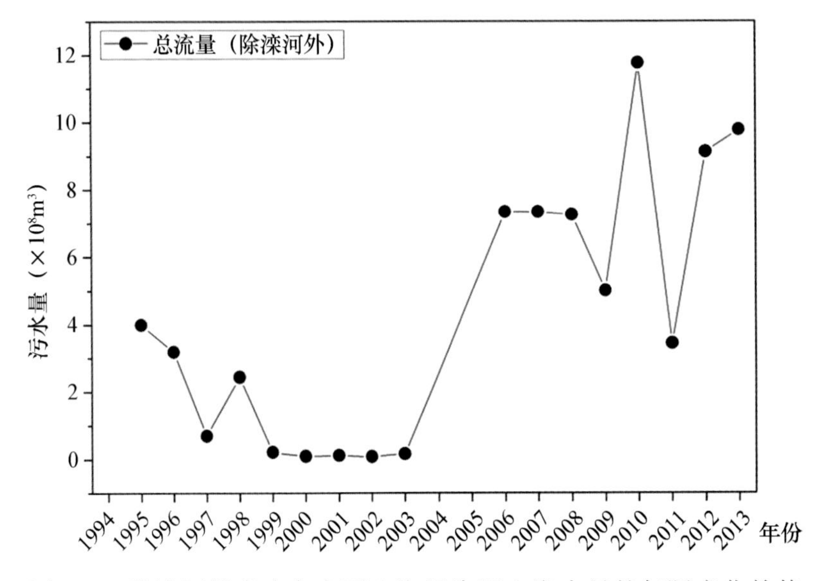


图 3.8　除滦河外秦皇岛主要入海污染源入海水量的年际变化趋势

### 3.3.2.3　污染物排海量评估

1）评估方法

针对入海河流和入海排污口，污染物排海量的估算主要依据以下两种方法：

（1）河流污染物排海量评估

采用月污染物浓度和月入海水量的监测结果进行统计，统计公式如下：

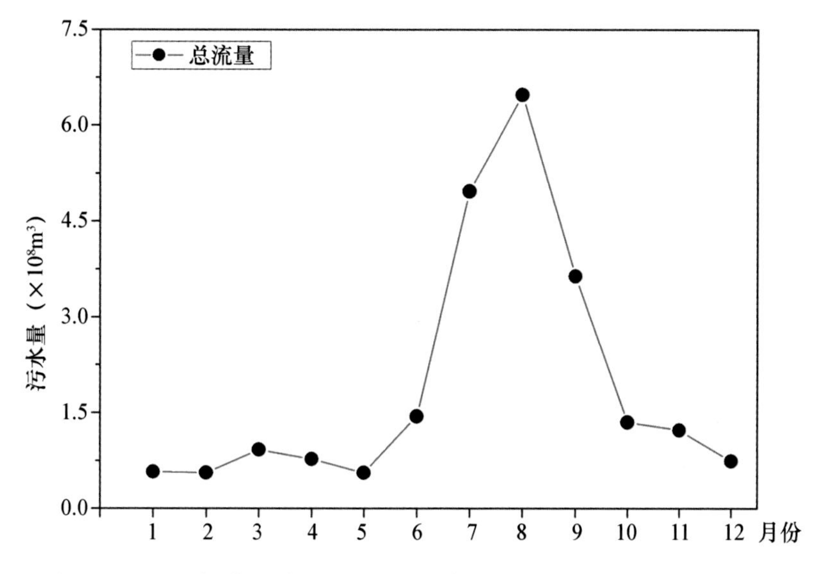


图 3.9　2013 年秦皇岛主要入海污染源入海水量的月际变化趋势

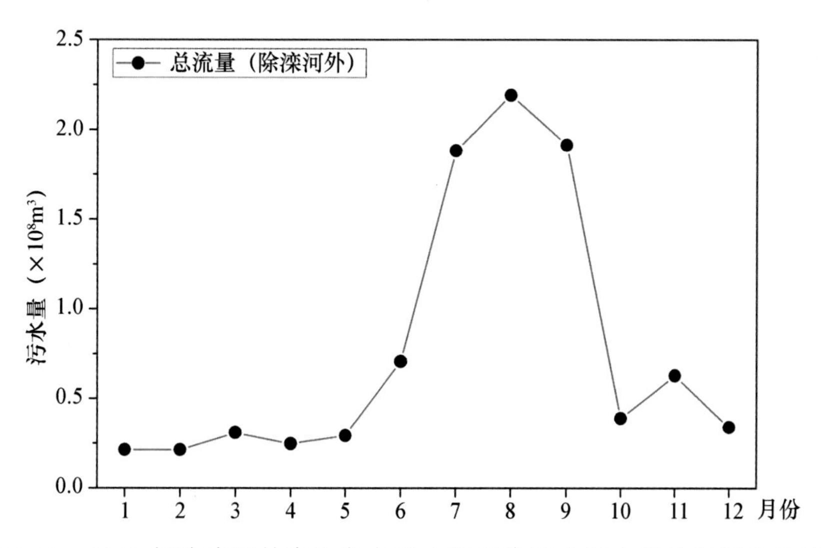


图 3.10　2013 年除滦河外秦皇岛主要入海污染源入海水量的月际变化趋势

$$L = \sum_{i=1}^{12} W_i \times C_i \times 100 \qquad (3.1)$$

式中，$L$ 为污染物排海量，t；$W_i$ 为月径流总量，$\times 10^8$ m$^3$；$C_i$ 为污染物月平均浓度，mg/L。

（2）入海排污口污染物排海量评估

采用不同时段污水流量和污染物浓度的监测结果进行统计，统计公式如下：

$$L = \frac{\sum_{i=1}^{n} Q_i \times C_i \times 10^{-6}}{n} \times 365 \qquad (3.2)$$

式中，$L$ 为污染物排海量，t；$Q_i$ 为监测时段 $i$ 内污水日排放流量，$m^3/d$；$C_i$ 为监测时段 $i$ 内污水中污染物日平均浓度，mg/L；$n$ 为监测频率。

2）污染物排海量年际变化

采用国家海洋局历年业务监测数据对 2006—2013 年秦皇岛主要入海污染源的污染物排海量进行统计。图 3.11 为 2006—2013 年秦皇岛沿岸主要入海污染源的污染物排海量年际变化趋势，受降水的影响，2012 年秦皇岛地区主要污染物的排海量较往年有较大幅度的增加。

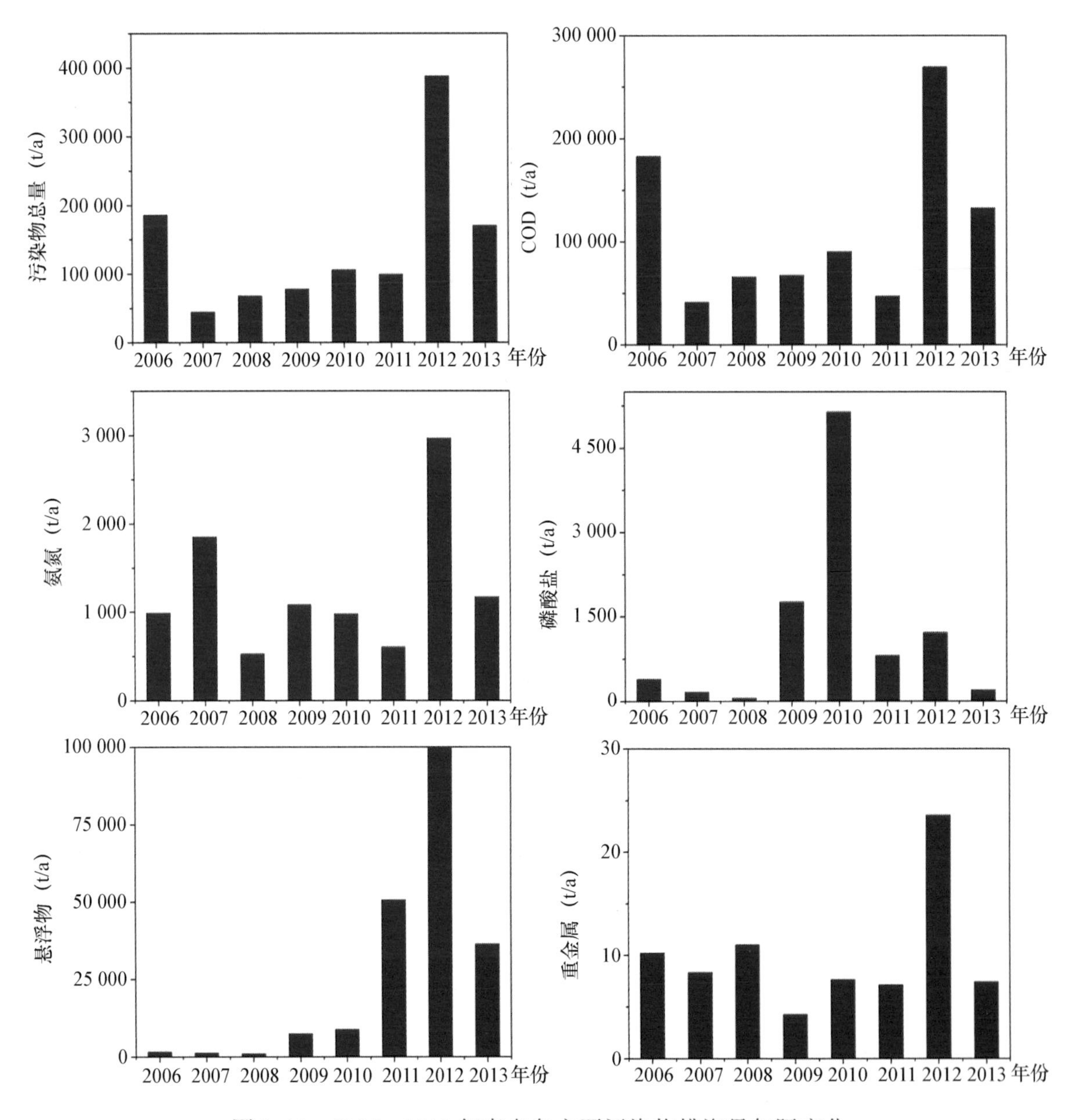


图 3.11　2006—2013 年秦皇岛主要污染物排海量年际变化

3）污染物排海量月际变化

图 3.12 为 2013 年 1—12 月主要污染物排海量的变化情况。结果表明，污染物的排海量受降水的影响明显，7—9 月污染物入海量较高。

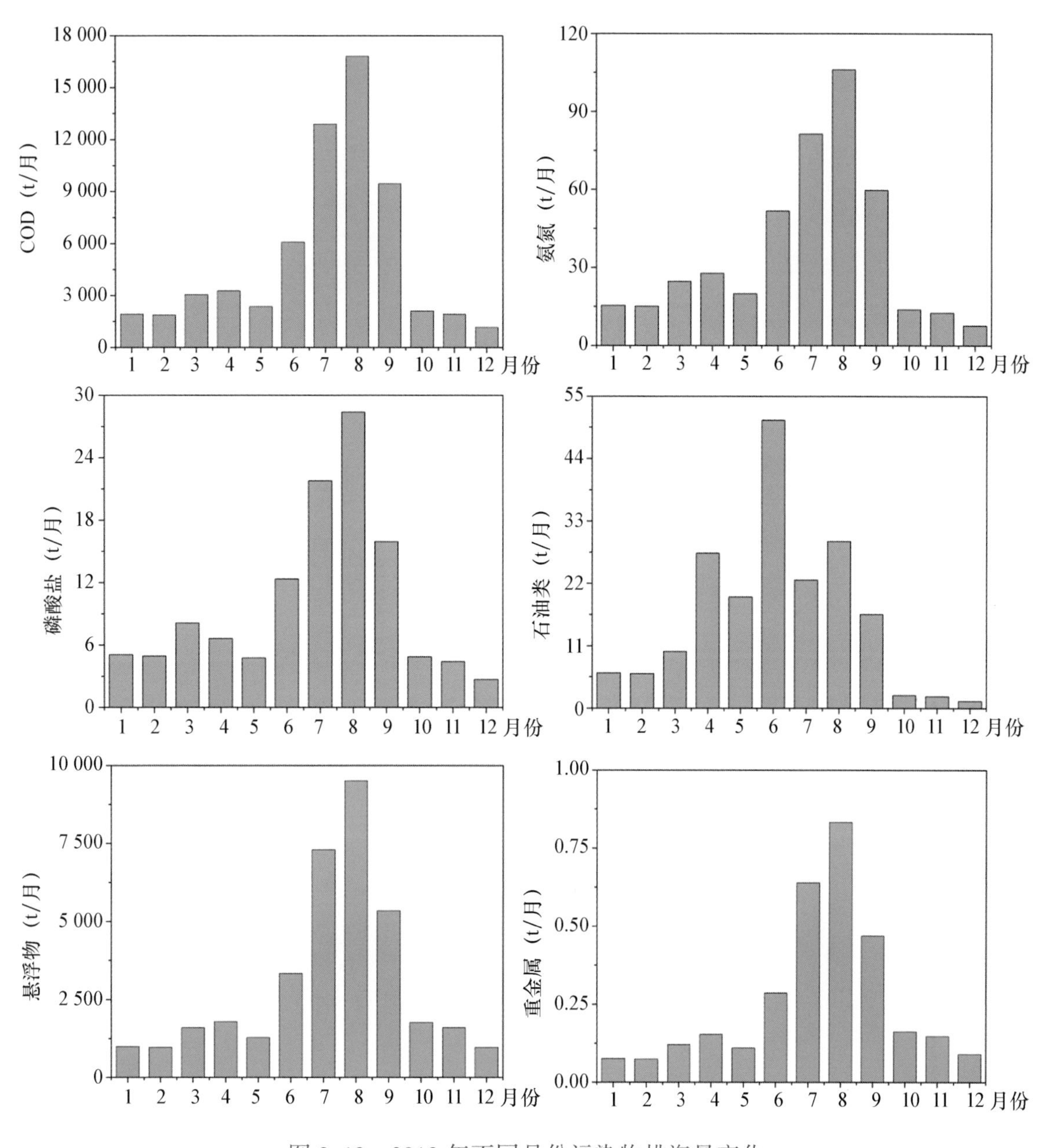


图 3.12　2013 年不同月份污染物排海量变化

## 3.4　近岸海域水质状况

近岸海域水质状况分析主要采用国家海洋局 2006—2012 年春季和夏季监测的业务

监测数据，监测站位包括秦皇岛近岸海域13个海水质量监测站位、21个入海排污口邻近海域站位以及13个海水增养殖区监测站位。此外，根据项目需要，2013年8月开展一次补充调查。

### 3.4.1 近岸海域水质历史数据分析

依据《海水水质标准》（GB 3097—1997）对海水pH、溶解氧、$COD_{Mn}$、石油类、无机氮、活性磷酸盐、汞、镉、砷、铅、铬、铜、锌、六六六和滴滴涕等指标进行评价，各站位水质类别百分比的年际变化如图3.13所示。秦皇岛近岸海域水质状况以三类水质为主，三类水质站位数约占总监测站位数的40%。超过海洋功能区水质要求的污染物主要为无机氮、磷酸盐和石油类。

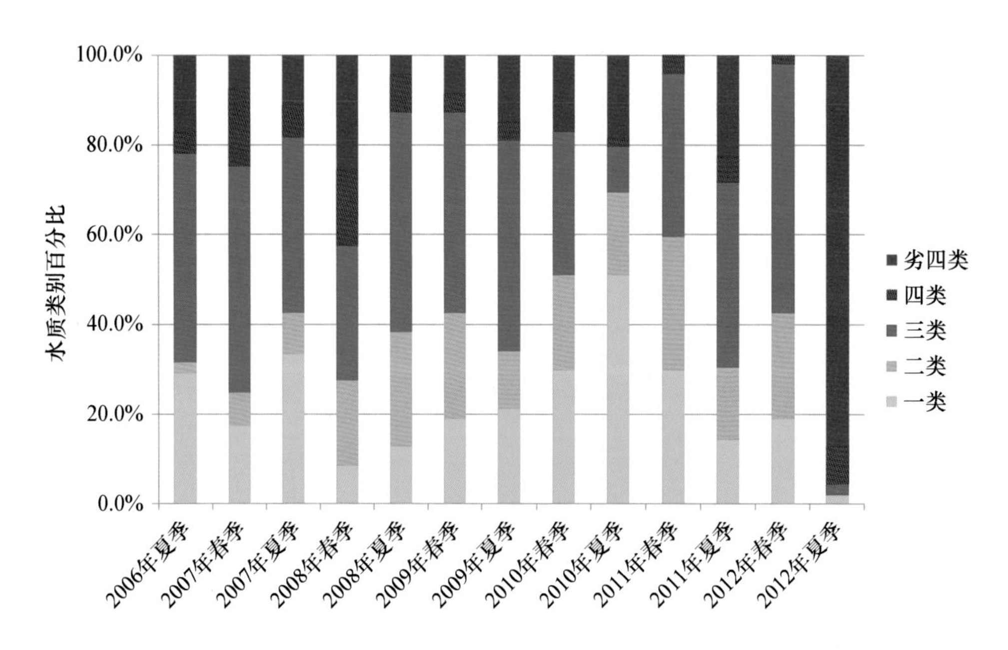


图3.13 秦皇岛近岸海域水质类别百分比的年际变化

#### 3.4.1.1 水质季节变化

对比不同季节各站位的水质类别百分比（如表3.4和表3.5所示）可以看出，夏季劣四类水质站位比例比春季高出一倍，春季二类水质站位比例显著高于夏季，因此，秦皇岛近岸海域水质主要污染时段是夏季。

表 3.4 秦皇岛近岸海域春季站位水质类别百分比年际变化

| 年份 | 各类水质百分比 | | | | |
|---|---|---|---|---|---|
| | 一类 | 二类 | 三类 | 四类 | 劣四类 |
| 2007 年春季 | 17.5% | 7.5% | 50.0% | 17.5% | 7.5% |
| 2008 年春季 | 8.5% | 19.1% | 29.8% | 17.0% | 25.5% |
| 2009 年春季 | 19.1% | 23.4% | 44.7% | 4.3% | 8.5% |
| 2010 年春季 | 29.8% | 21.3% | 31.9% | 0.0% | 17.0% |
| 2011 年春季 | 29.8% | 29.8% | 36.2% | 4.3% | 0.0% |
| 2012 年春季 | 19.1% | 23.4% | 55.3% | 2.1% | 0.0% |
| 最大值 | 29.8% | 29.8% | 55.3% | 17.5% | 25.5% |
| 最小值 | 8.5% | 7.5% | 29.8% | 0.0% | 0.0% |
| 平均值 | 20.6% | 20.8% | 41.3% | 7.5% | 9.8% |
| 截尾平均值 | 21.4% | 21.8% | 40.7% | 6.9% | 8.3% |

注：截尾平均值为去掉最高值和最低值之后的平均值，用以去除部分年份极值的影响。

表 3.5 秦皇岛近岸海域夏季站位水质类别百分比年际变化

| 年份 | 各类水质百分比 | | | | |
|---|---|---|---|---|---|
| | 一类 | 二类 | 三类 | 四类 | 劣四类 |
| 2006 年夏季 | 29.3% | 2.4% | 46.3% | 4.9% | 17.1% |
| 2007 年夏季 | 33.3% | 9.3% | 38.9% | 7.4% | 11.1% |
| 2008 年夏季 | 12.8% | 25.5% | 48.9% | 8.5% | 4.3% |
| 2009 年夏季 | 21.3% | 12.8% | 46.8% | 4.3% | 14.9% |
| 2010 年夏季 | 51.0% | 18.4% | 10.2% | 2.0% | 18.4% |
| 2011 年夏季 | 14.3% | 16.3% | 40.8% | 6.1% | 22.4% |
| 2012 年夏季 | 2.1% | 0.0% | 2.1% | 8.5% | 87.2% |
| 最大值 | 51.0% | 25.5% | 48.9% | 8.5% | 87.2% |
| 最小值 | 2.1% | 0.0% | 2.1% | 2.0% | 4.3% |
| 平均值 | 23.4% | 12.1% | 33.4% | 6.0% | 25.1% |
| 截尾平均值 | 22.2% | 11.8% | 36.6% | 6.2% | 16.8% |

注：截尾平均值为去掉最高值和最低值之后的平均值，用以去除部分年份极值的影响。

采用方差分析法对秦皇岛近岸海域夏季和春季站位水质年际变化进行分析，结果表明春季各站位水质方差平均值为4.1，而夏季各站位水质方差平均值为11.4，远高于春季，这说明夏季各站位的水质年际波动也比较大。

夏季秦皇岛近岸海域水质污染重可能与夏季降水量大、陆源污染物排海量增加有关，而降水量的年际波动导致夏季海域水质产生较大差异。并且秦皇岛作为北方重要旅游城市，夏季为旅游旺季，餐饮、住宿等服务行业排放的污水量剧增，可能也是影响近岸水质的重要因素。此外养殖活动可能也对秦皇岛近岸海域的营养盐污染有较大的贡献。

#### 3.4.1.2 功能区水质达标情况

《河北省海洋功能区划（2011—2020年）》划定的秦皇岛近岸海洋功能区的主要类型包括滨海旅游娱乐区、农渔业区、保护区和港口航运区。根据各功能区水质要求，对各站位海水水质的超标情况进行评价，各季节和年份站位超标率变化如图3.14所示。可以看出，2010年之前近岸海域站位超标率呈现下降趋势，但2010年之后又有所上升，显示秦皇岛近岸海域水质变动较大。

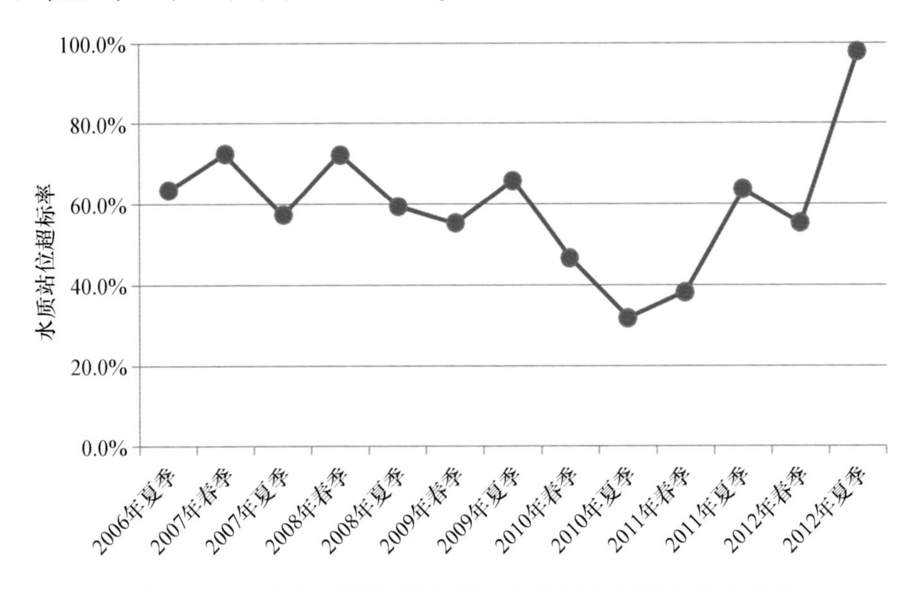


图3.14　秦皇岛近岸海域水质站位超标率年际和季节变化

### 3.4.2 2013年夏季补充调查结果

2013年8月现场调查结果显示，秦皇岛近岸海域最主要的污染物为无机氮

(DIN)，部分海域劣于四类海水水质标准；其次是溶解氧（DO），部分海域仅符合三类海水水质标准；活性磷酸盐含量较低，仅部分站位超一类海水水质标准。

1）$COD_{Mn}$和 DO

秦皇岛近岸海域 $COD_{Mn}$含量均较低，除昌黎近岸养殖区内部分站位超过一类水质标准外，其他海域均符合一类水质标准。秦皇岛近岸大部分海域溶解氧（DO）含量均低于一类水质标准（6 mg/L），其中洋河和戴河河口外近岸部分站位低于二类水质标准（5 mg/L）。根据盐度和水温计算的近岸海域饱和溶解氧平均含量为 5.05 mg/L，其中低于 5 mg/L 站位的 DO 饱和度在 88.5%～97.2%之间，因此，低氧或耗氧物质含量高不是秦皇岛近岸海域的主要污染问题。

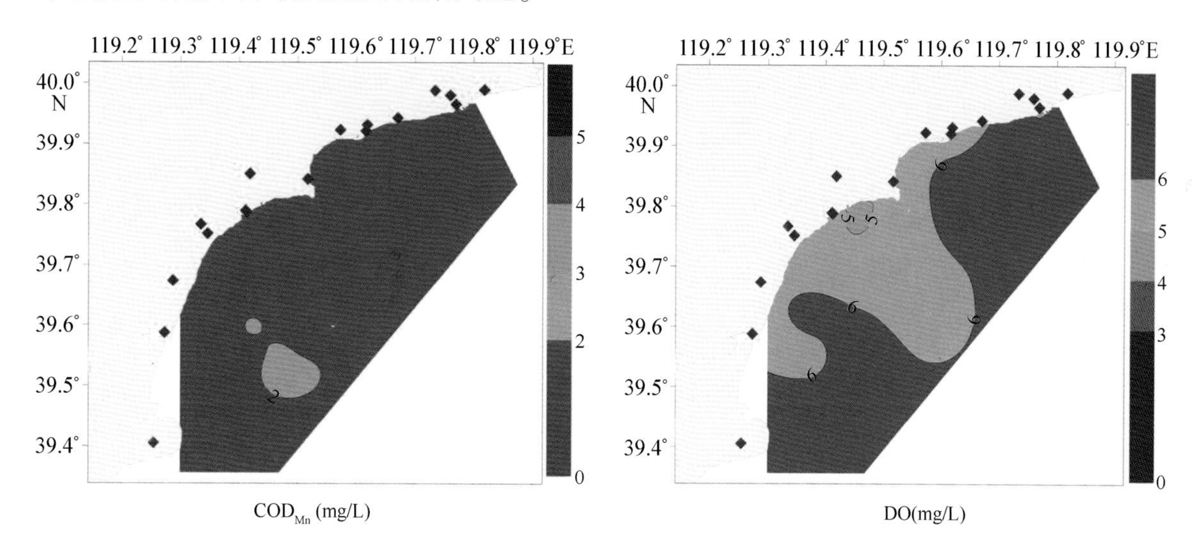


图 3.15　2013 夏季 $COD_{Mn}$和 DO 污染海域空间分布

2）营养盐

2013 年夏季，DIN 是秦皇岛近岸海域最主要的污染物，劣四类水体主要分布在秦皇岛市汤河河口附近海域、抚宁区近岸海域（洋河和戴河河口）以及滦河口附近海域，陆源排污压力可能是造成 DIN 含量较高的主要原因。活性磷酸盐含量普遍低于一类海水水质标准，仅汤河口外和抚宁区养殖区内部分站位超过一类海水水质标准。

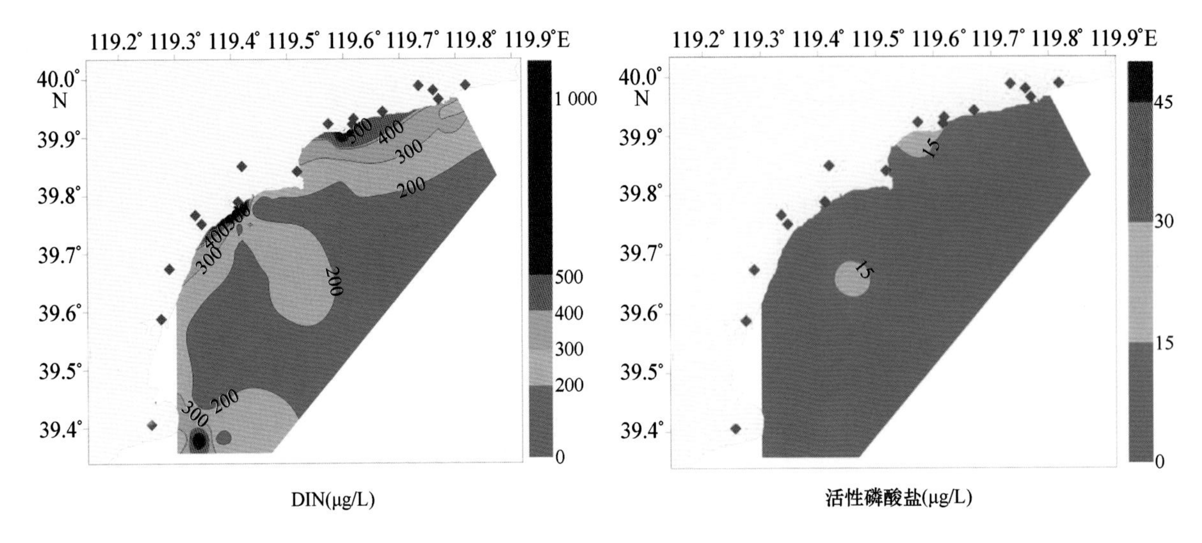


图 3.16　2013 年夏季营养盐污染海域空间分布

# 4 陆源污染物排海浓度控制研究

本章重点针对陆源入海排污口排放的污染物提出浓度限值要求；此外，对于入海河流排海污染物，在《地表水环境质量标准》（GB 3838—2002）的基础上提出相应的控制要求。

## 4.1 陆源排海主要控制污染物的筛选

### 4.1.1 近岸海域特征污染物分析

近岸海域特征污染物筛选主要参考指标包括：行业取水量指数（工业取水量及生活污水排水量指数）、等标污染负荷指数（污染物排海量与一类海水水质标准的比值）和海水超标程度指数（海水中污染物浓度与一类海水水质标准的比值），以及各类污染物的潜在海洋生态环境风险状况。

特征污染物筛选的原则主要包括：

（1）综合权重相对较大、污染指标毒性较大、环境敏感度较高和公众关注度较高的污染要素纳入特征污染物；

（2）行业特征污染指标中入海量较大、污染特征性比较明显的污染要素纳入特征污染物；

（3）陆源入海量指标和相对海水污染压力指标中入海量较大、对海水污染压力较大的污染要素纳入特征污染物。

根据陆源行业污染特征调查结果、污染物入海总量统计结果和近岸海域污染特征分析结果和特征污染物筛选方法，秦皇岛近岸海域主要的特征污染物筛选结果如表 4.1 所示。

表 4.1 秦皇岛近岸海域陆源污染物及影响特征一览表

| 序号 | 污染要素 | 行业取水量指数 | 等标污染负荷指数 | 海水超标指数 | 潜在海洋生态环境风险 |
|---|---|---|---|---|---|
| 1 | TP | 0.3205 | 0.2168 | - | 导致赤潮风险增大的主控因子 |
| 2 | TN | 0.3205 | 0.3229 | - | 导致赤潮风险增大 |
| 3 | 氨氮 | 0.3208 | 0.2337 | - | 导致赤潮风险增大、生物毒性 |
| 4 | 磷酸盐 | 0.0000 | 0.1446 | 0.3398 | 导致赤潮风险增大，主控因子 |
| 5 | COD | 0.8692 | 1.2000 | 0.2767 | 表征耗氧物质综合污染程度，主要影响农渔业区 |
| 6 | 石油类 | 0.3703 | 0.0071 | 0.6667 | 影响水生生物和人体健康 |
| 7 | Pb | 0.4769 | 0.0158 | 0.3844 | 生物毒性 |
| 8 | Hg | 0.4769 | 0.0332 | 0.2711 | 生物毒性 |
| 9 | Cd | 0.4769 | 0.0010 | 0.1133 | 生物毒性 |
| 10 | As | 0.4769 | 0.0198 | 0.0390 | 生物毒性 |
| 11 | 悬浮物 | 1.0000 | 0.0534 | 0 | 主要影响旅游娱乐区、保护区 |
| 12 | 粪大肠菌群 | 0.2939 | 0 | 0 | 主要影响旅游娱乐区、农渔业区 |
| 13 | Cr（VI） | 0.4769 | 0.0219 | - | 生物毒性 |
| 14 | Ni | 0.4769 | 0.0146 | 0 | 生物毒性 |
| 15 | Cu | 0.4769 | 0.0110 | 0 | 生物毒性 |
| 16 | Zn | 0.4769 | 0.0064 | 0 | 生物毒性 |
| 17 | Cr | 0.4769 | 0.0052 | 0 | 生物毒性 |
| 18 | 挥发酚 | 0.3316 | 0.0091 | 0 | 生物毒性 |
| 19 | 苯并（a）芘 | 0.0003 | 0.0267 | 0 | 生物毒性高 |
| 20 | $BOD_5$ | 0.8471 | 0 | 0 | 表征耗氧物质综合污染程度，主要影响农渔业区 |
| 21 | pH | 0.9920 | 0 | 0 | 主要影响农渔业区 |

### 4.1.2 主要排海控制污染物筛选

依据秦皇岛产业产污和近岸海域特征污染物分析结果，结合秦皇岛近岸海域环境

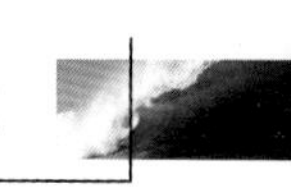

保护需求，尤其是对海水浴场的保护，将秦皇岛市主要陆源排海污染物分为感官类、基础理化类、耗氧类、氮磷营养要素、重金属类、持久性有机污染物及其他 7 大类共 26 个指标，如表 4.2 所示。

**表 4.2　秦皇岛主要陆源排海污染物指标**

| 序号 | 污染物类型 | 污染物种类 |
|---|---|---|
| 1 | 感官类 | 色、嗅味 |
| 2 | 基础理化类 | pH、DO |
| 3 | 耗氧类 | COD、$BOD_5$、TOC |
| 4 | 氮磷营养要素 | TN、TP、氨氮、无机氮、磷酸盐 |
| 5 | 重金属类 | 铜、铅、锌、镉、铬、Cr（VI）、总汞、砷 |
| 6 | 持久性有机污染物 | 苯并（a）芘（BaP）、多环芳烃（PAHs） |
| 7 | 其他 | 石油类、悬浮物、粪大肠菌群、肠球菌 |

## 4.2　主要污染物的浓度分布历史数据资料分析

为确定秦皇岛主要排海污染物浓度限值，首先对秦皇岛主要污染物的历年监测数据进行统计分析。统计结果如图 4.1 所示。通过对已收集到的秦皇岛市大蒲河、人造河、洋河、新开河、石河、北戴河西部污水处理厂、开发区总排污口、汤河、船厂污水处理厂排污口等主要入海污染源主要污染物浓度数据进行分析，结果表明，2006—2012 年，秦皇岛市主要入海污染源排放浓度较高的污染物为 COD、总磷、氨氮、挥发酚，存在着普遍超过污水综合排放标准的排放限值的现象，而总氰化物、重金属元素等排放浓度较低，悬浮物则存在部分时段排放浓度过高的现象，其中大蒲河各项主要污染物排放浓度相对较高。如图 4.1 所示采用箱线图对 2006—2012 年各入海污染源主要污染物浓度进行了统计分析，统计中可反映数据的极大值、极小值、中值、上四分位值、下四分位值。

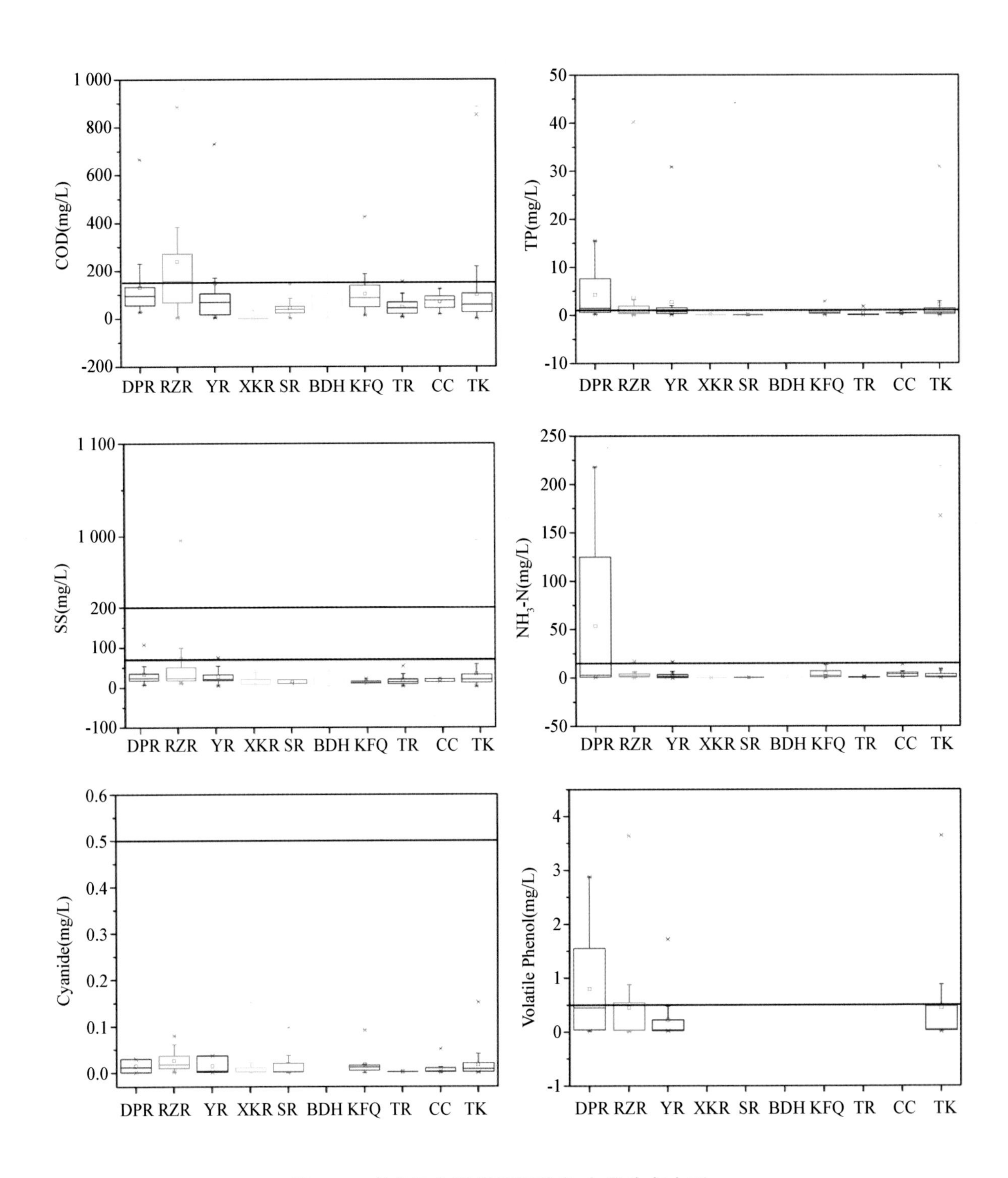


图 4.1　秦皇岛主要排海污染物含量分布水平

注：DPR 为大蒲河，RZR 为人造河，YR 为洋河，XKR 为新开河，SR 为石河，BDH 为北戴河西部污水处理厂，KFQ 为开发区总排污口，TR 为汤河，CC 为船厂污水处理厂排污口，TK 代表所有排污口

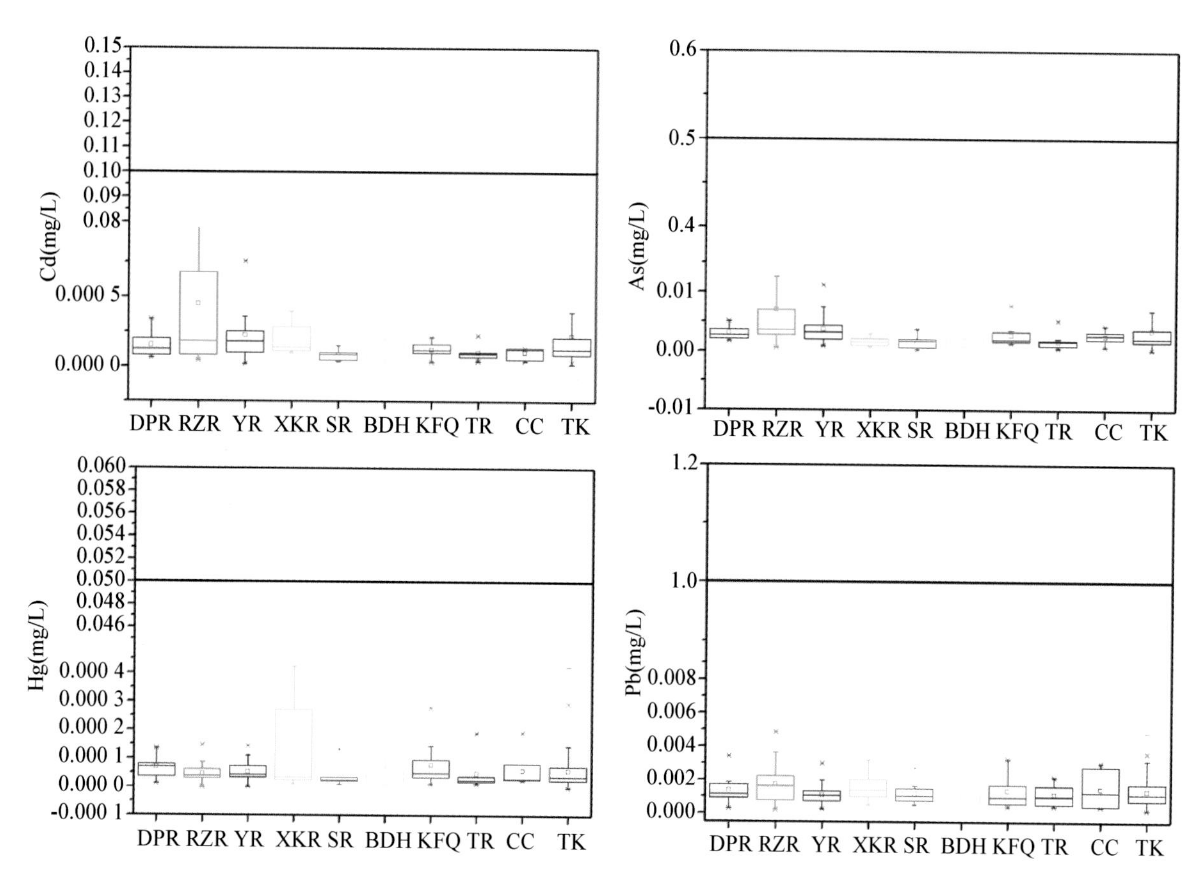


图 4.1　秦皇岛主要排海污染物含量分布水平（续）

注：DPR 为大蒲河，RZR 为人造河，YR 为洋河，XKR 为新开河，SR 为石河，BDH 为北戴河西部污水处理厂，KFQ 为开发区总排污口，TR 为汤河，CC 为船厂污水处理厂排污口，TK 代表所有排污口

## 4.3　主要排海污染物浓度限值确定

### 4.3.1　污染物浓度限值的确定依据和方法

对于《污水综合排放标准》（GB 8978—1996）中已有规定的污染物，其浓度限值的确定主要采用以下方法。

（1）遵循地方标准严于国家标准的基本原则。

（2）综合分析秦皇岛地区陆源主要污染物的分布情况，结合数理统计方法，确定秦皇岛地区陆源污染物的排放浓度的分布水平。

（3）结合秦皇岛地区陆源污染物的数理统计结果，综合考虑陆源污染物排放达标状况、近岸海域的污染状况及河北近岸海域功能区环境保护要求，制定陆源污染物排放的建议浓度限值。

（4）开展秦皇岛地区陆源污染物排放限值的达标率分析，与国内外及其他地方标准进行比较分析，并论证陆源污染物排海浓度限值的可行性。

### 4.3.2 主要排海污染物浓度限值确定

秦皇岛主要排海污染物浓度限值指标主要分为7大类，考虑到污染物性质及对环境危害程度，总汞、总镉、总铬、总砷、总铅、六价铬、苯并（a）芘等污染物排海均执行统一标准，其他污染物依据排入海域功能区不同分别执行一级标准或二级标准。

1）感官类指标

水质的感官类指标如色、嗅味等是人类最能直接感受得到的水质指标之一。人们对于水质的第一感官认识即为水体颜色是否异常，水体是否具有大多数居民难以忍受的异常嗅味。因此作为一种最能为公众所直接感受的指标，有必要在本标准中予以体现。但是水体中的嗅味问题较为复杂，不同水质异常嗅味的成因往往不同，并且水体嗅味的识别鉴定也较为困难，因此在现行的国家标准和地方标准中也很少对嗅味指标做出限定。而现行的国家标准和地方标准中，对于色度限值范围一般在30~80倍之间。因此，结合秦皇岛地区主要入海污染源的现场调查情况及秦皇岛地区作为著名的滨海旅游度假区的实际情况，本标准中对水体感官指标的限定如下。

色度：一级标准为30倍；二级标准为50倍。

嗅味：一级标准为不得有异臭、异味；二级标准为不应有明显的异臭、异味。

2）基本理化指标

基本理化指标包括水体的pH值、DO、盐度和温度。其中，盐度和温度仅作为水体理化指标监测的常规参数，不作为水质评价参数，因此在本标准中仅对秦皇岛地区水体的pH和DO做出限值规定。

通过对秦皇岛地区主要入海污染源的历史数据资料分析，秦皇岛地区主要入海污染源水体pH值范围为7.24~8.69，近似正态分布。结合现行国家标准pH的限值，本标准中对于pH值的限值标准为：一级和二级标准均为6~9，与污水综合排放标准保持一致。

DO含量现场调查数据统计结果表明，主要入海污染源DO含量范围为0~15.2 mg/L，平均值为7.66 mg/L，中位数值为8.02 mg/L，均值的95%置信区间为

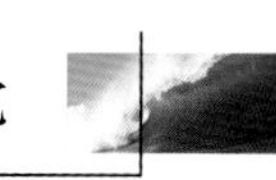

6. 29~9. 03 mg/L，中位数值的95%置信区间为6. 07~9. 10 mg/L之间，综合考虑秦皇岛地区溶解氧含量水平，本标准中对溶解氧浓度限值为：一级标准不低于6 mg/L，二级标准不低于5 mg/L。

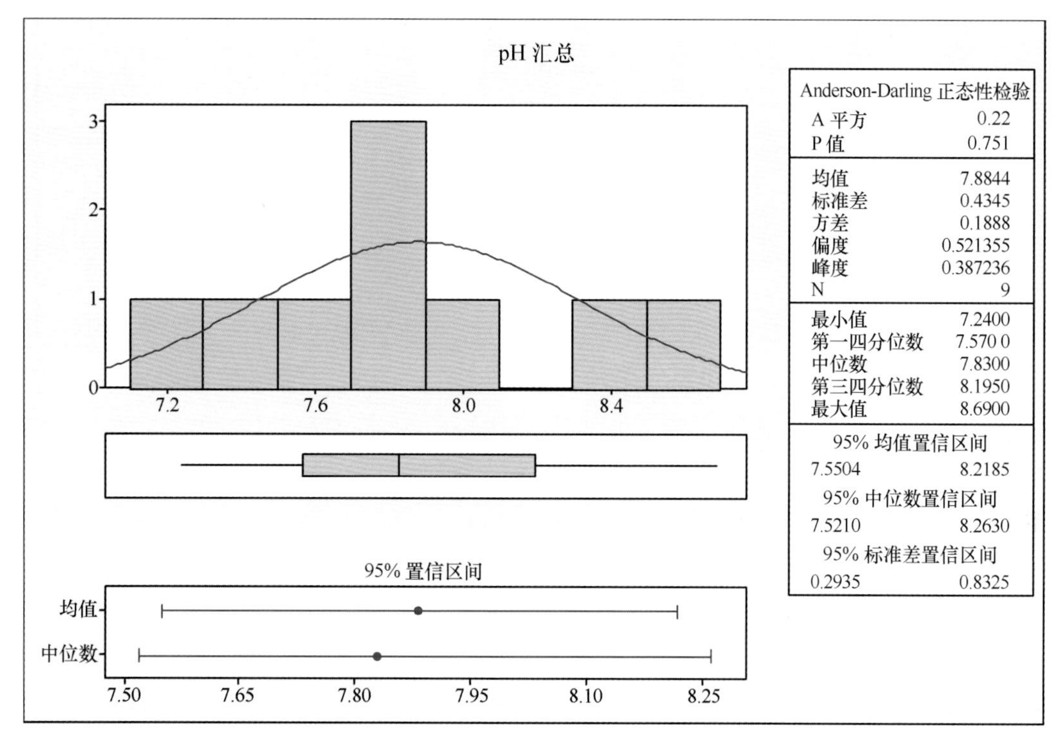


图 4. 2　pH 历史数据统计分析

3）耗氧类

耗氧类指标主要包括COD、$BOD_5$和TOC三大类。在本研究补充调查中发现秦皇岛地区部分入海污染源溶解氧含量出现低氧或无氧现象，因此本标准中将溶解氧含量也作为主要的限值指标之一。

秦皇岛地区主要入海污染源COD的历史数据资料分析表明，COD的含量差别较大，含量范围在0. 532~885 mg/L之间，平均值为98. 9 mg/L，中位数值为58. 2 mg/L。秦皇岛地区主要入海污染源的COD含量不符合正态分布，污染物浓度的频率分布主要集中于小于150 mg/L的范围内。统计分析表明，COD均值的95%置信区间81. 4~116. 3 mg/L，中位数值的95%置信区间为52. 0~68. 9 mg/L，COD也是秦皇岛近岸海域主要的污染物之一。因此，综合考虑秦皇岛地区的主要入海污染源COD含量分布状况及近岸海域污染状况，本标准对COD的限值为：一级标准为60 mg/L，二级标准为100 mg/L。

秦皇岛地区$BOD_5$含量差异较大，主要入海污染源$BOD_5$含量范围为1. 02~380 mg/L，

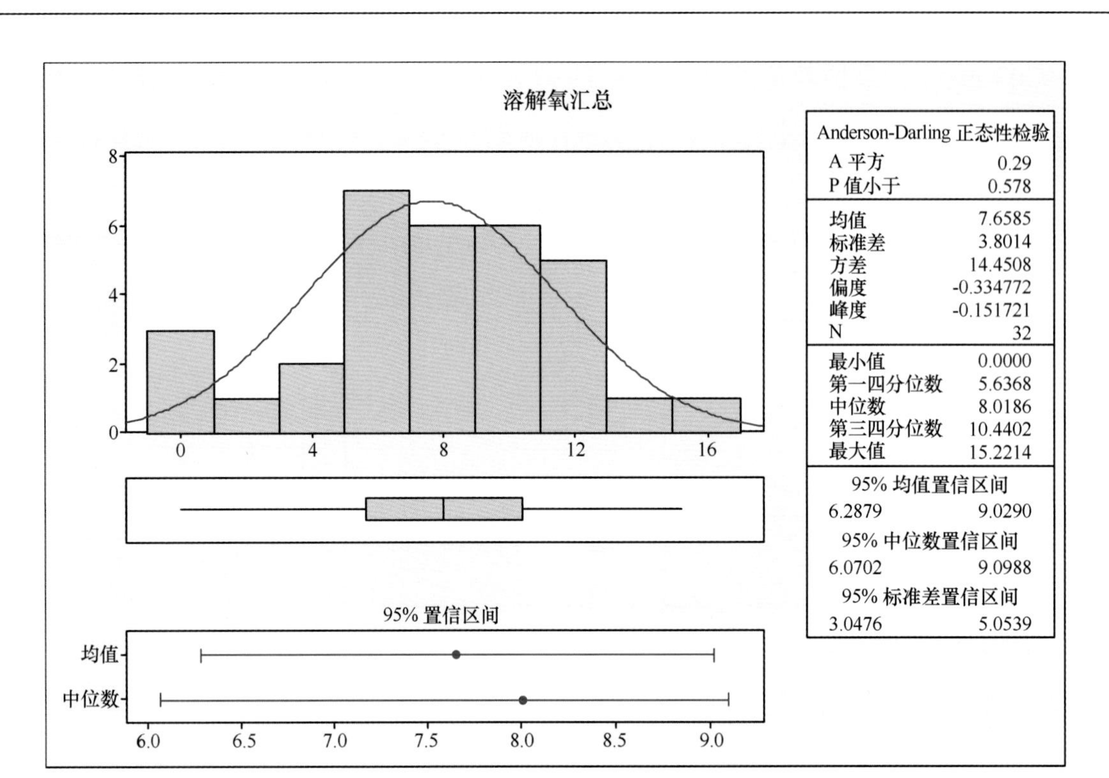


图 4.3　溶解氧补充调查数据统计分析

平均值为 92.2 mg/L，中位数值为 82.2 mg/L，$BOD_5$均值的 95%置信区间为 73.3～111 mg/L，中位数值的 95%置信区间为 39.6～92.6 mg/L。从历史数据分析，秦皇岛地区生化需氧量的含量较高，以污水综合排放标准中对其他排污单位的限定要求，超标现象也十分普遍，综合考虑秦皇岛地区主要污染源 $BOD_5$的分布状况，本标准对 $BOD_5$的限值与《污水综合排放标准》表 4（1998 年 1 月 1 日后的建设单位）中对其他一切排污单位限值保持一致，一级标准为 20 mg/L，二级标准为 30 mg/L。

秦皇岛地区 TOC 含量现场调查数据统计结果表明，主要入海污染源 TOC 含量范围为 3.38～14.6 mg/L，平均值为 5.67 mg/L，中位数值为 5.60 mg/L，均值的 95%置信区间为 4.90～6.44 mg/L，中位数值的 95%置信区间为 4.82～6.13 mg/L，综合考虑秦皇岛地区 TOC 含量水平及污水综合排放标准中对其他一切排污单位中 TOC 的含量限值标准，本标准中对 TOC 的排放浓度限值为：一级标准 20 mg/L；二级标准 30 mg/L。

4）氮磷营养物质类

秦皇岛地区氮磷类污染物指标主要包括总氮、总磷、氨氮、无机氮、磷酸盐 5 大指标。各污染物的含量统计结果列于表 4.3 中，其中总磷、氨氮采用的统计资料为历史数据资料，而其他指标由于缺少历史数据资料，采用本项目的补充调查资料进行统计。由于硝酸盐氮、亚硝酸盐氮主要受自然环境条件影响，非人为排污的主要污染物；

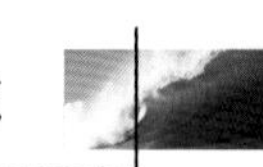

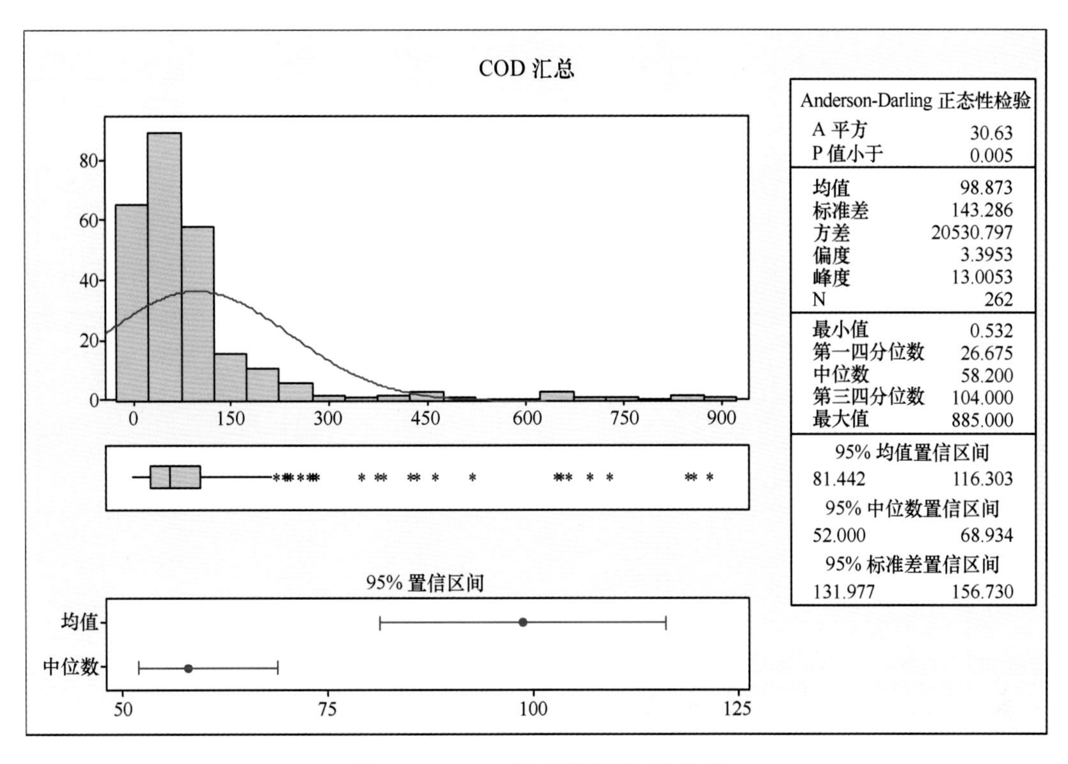


图 4.4 COD 历史数据统计分析

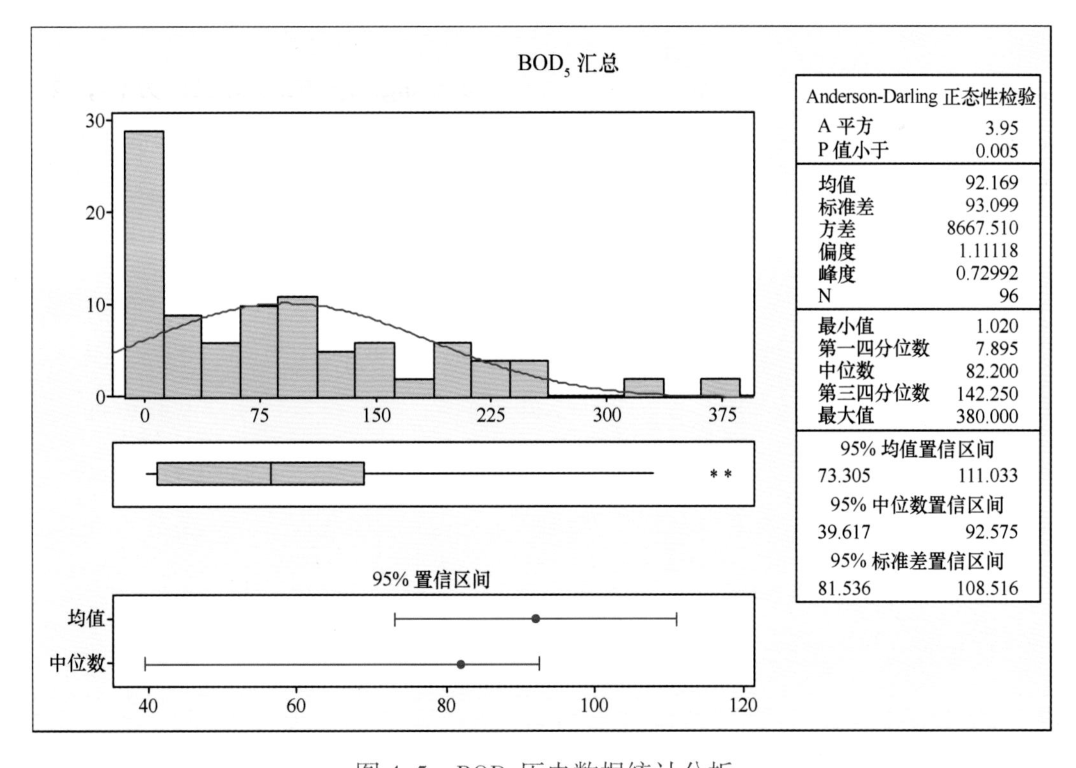


图 4.5 $BOD_5$历史数据统计分析

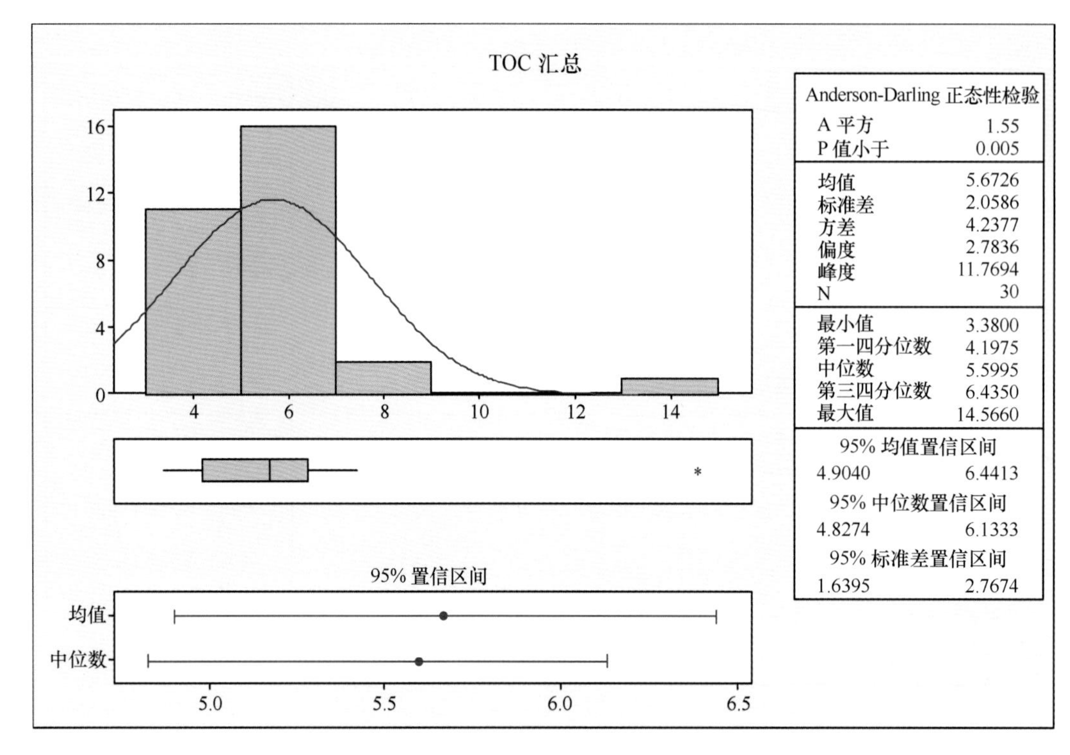


图 4.6　TOC 补充调查数据统计分析

且《海水水质标准》（GB 3097—1997）中只有无机氮（硝酸盐氮、亚硝酸盐氮和氨氮之和），因此本标准制定中考虑的指标包括总氮、总磷、氨氮、无机氮、磷酸盐 5 个指标。

**表 4.3　氮磷类污染物指标统计分析结果**　　单位：mg/L

| 污染物指标 | 含量范围 | 均值 | 均值 95%置信区间 | 中位数值 | 中位数值 95%置信区间 |
|---|---|---|---|---|---|
| 总氮 | 0.74 ~23.0 | 7.30 | 4.96 ~9.64 | 5.07 | 3.28~7.88 |
| 总磷 | 0.001~40.2 | 2.18 | 1.44~2.91 | 0.49 | 0.42~0.60 |
| 氨氮 | 0.01~218 | 8.46 | 4.9~12 | 1.01 | 0.84~1.28 |
| 无机氮 | 0.43~21.9 | 6.23 | 3.98~8.48 | 3.77 | 2.57~6.46 |
| 磷酸盐 | 0.005~1.07 | 0.36 | 0.25~0.48 | 0.25 | 0.18~0.40 |

基于对历史数据及现场补充调查数据资料的统计分析，结合秦皇岛地区主要污染源水质分布情况及《污染物综合排放标准》中对于其他一切排污单位的限值标准，本标准对氮磷主要污染物指标的限值标准如下。

总氮：一级标准为 15 mg/L；二级标准为 25 mg/L。

总磷：一级标准为 0. 5 mg/L；二级标准为 2. 0 mg/L。

氨氮：一级标准为 8 mg/L；二级标准为 15 mg/L。

无机氮：一级标准为 10 mg/L；二级标准为 20 mg/L。

磷酸盐：一级标准为 0. 5 mg/L；二级标准为 1 mg/L。

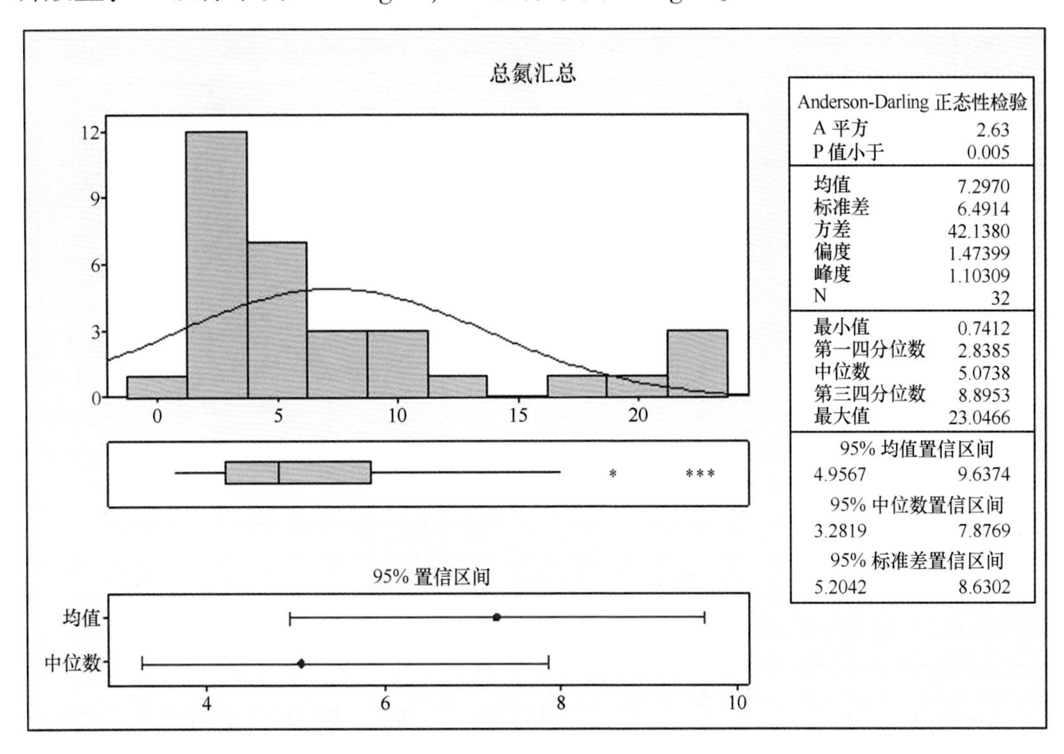


图 4. 7　总氮补充调查数据统计分析

5）重金属类

重金属类等有毒有害污染物质的浓度限值采用历史数据统计分析和毒理学数据进行综合确定。其中历史数据资料的统计分析结果如图 4. 12～图 4. 19 所示。

统计分析结果表明，重金属污染物的浓度含量均较低，一般均远低于污水综合排放标准。

结合秦皇岛地区主要重金属类污染物的浓度分布水平及毒理学统计结果，本标准对主要重金属类污染物的浓度限值标准如下。

总汞：0. 005 mg/L。

总镉：0. 01 mg/L。

总铬：0. 2 mg/L。

六价铬：0. 1 mg/L。

总砷：0. 1 mg/L。

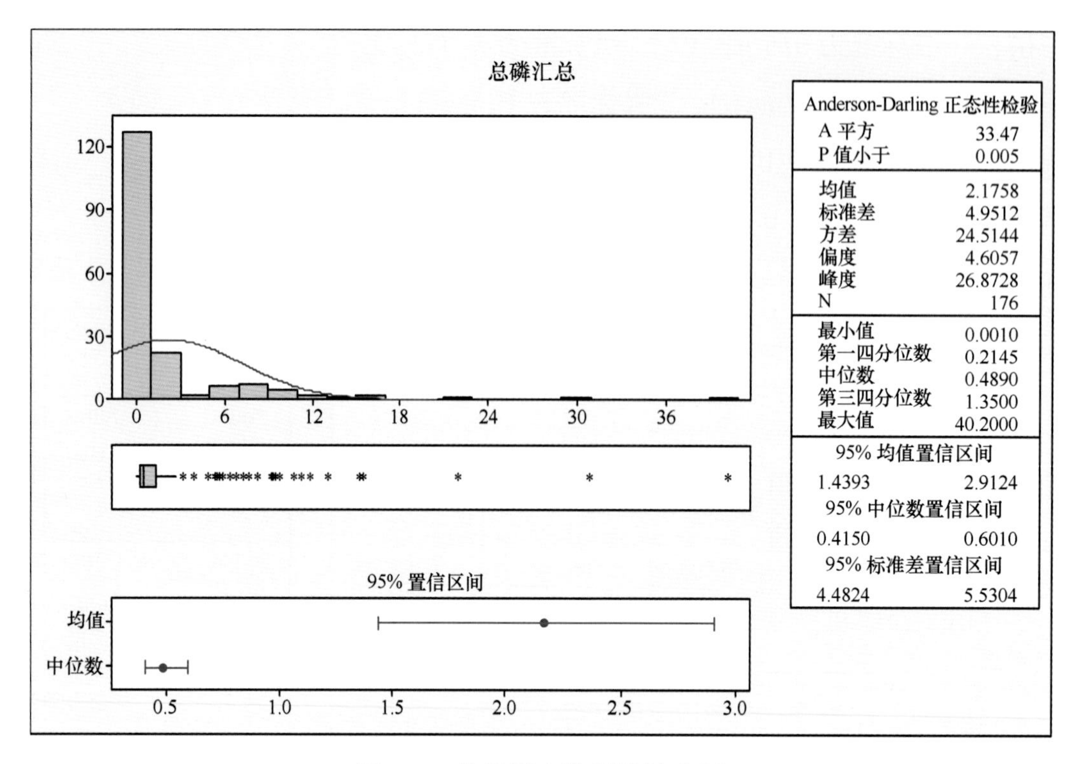


图 4.8　总磷历史数据统计分析

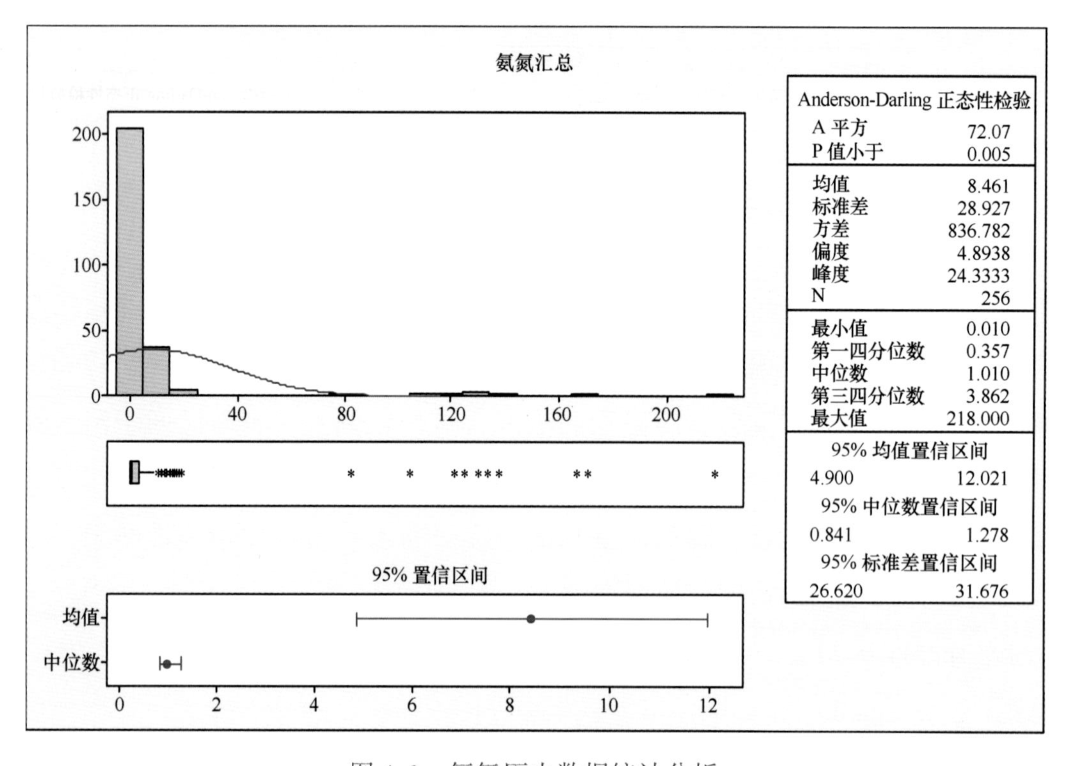


图 4.9　氨氮历史数据统计分析

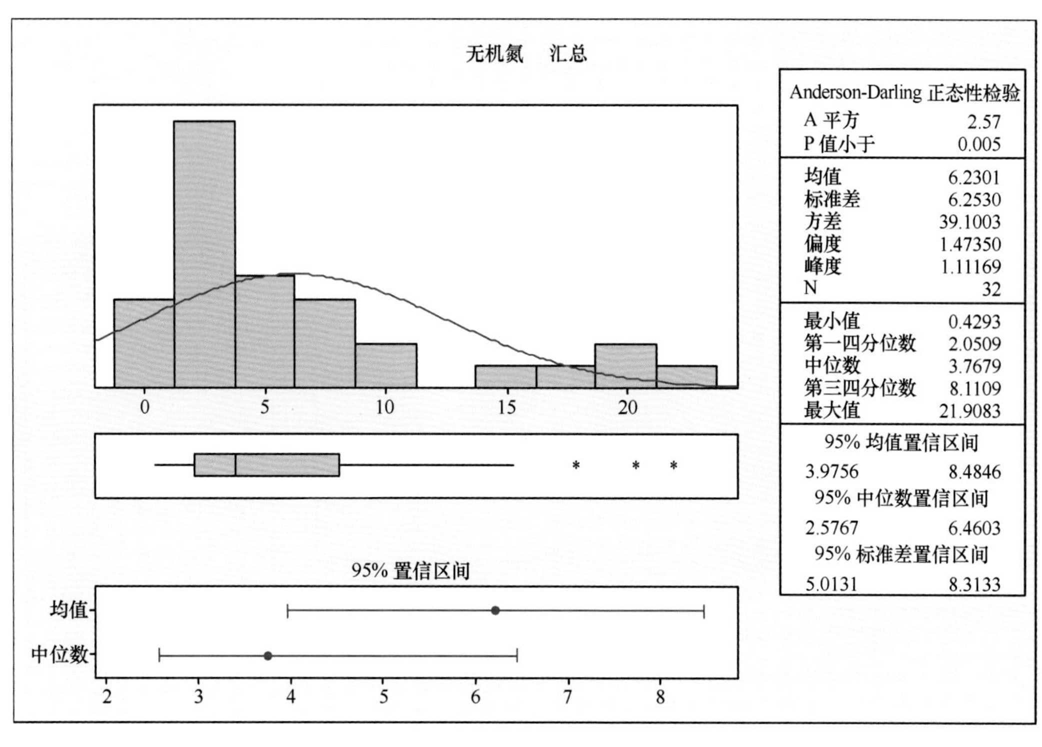


图 4.10 无机氮调查数据统计分析

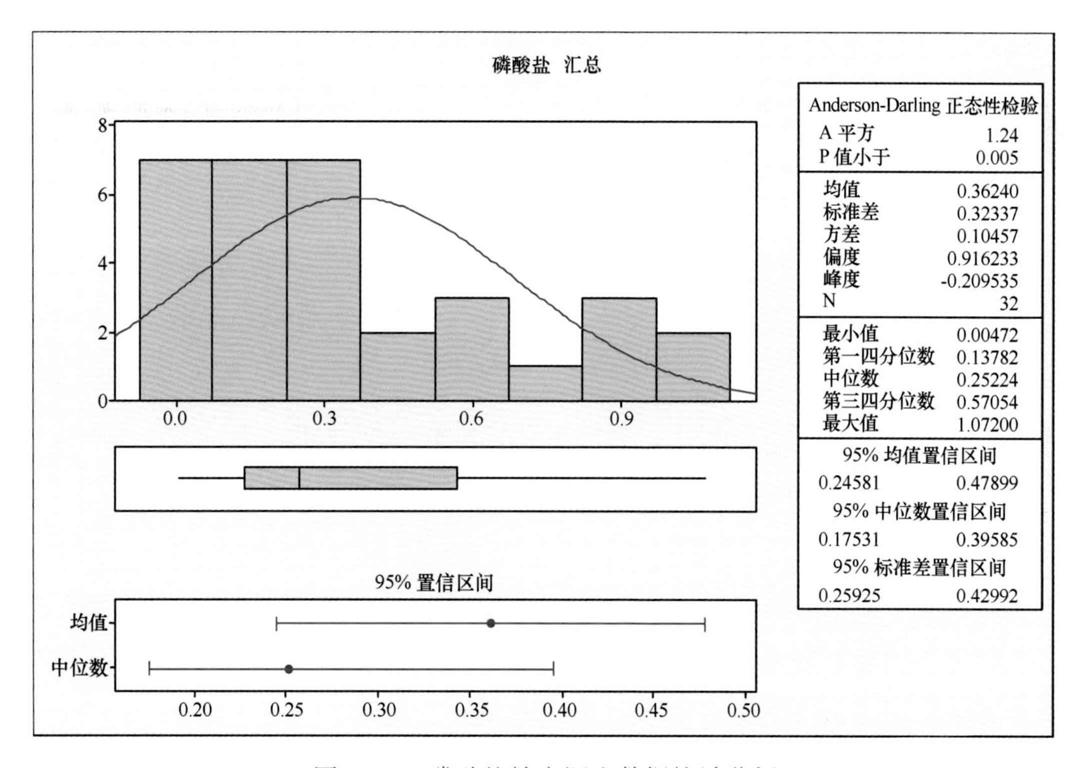


图 4.11 磷酸盐补充调查数据统计分析

总铅：0.1 mg/L。

总铜：一级标准为0.1 mg/L；二级标准为0.5 mg/L。

总锌：一级标准为0.5 mg/L；二级标准为1.0 mg/L。

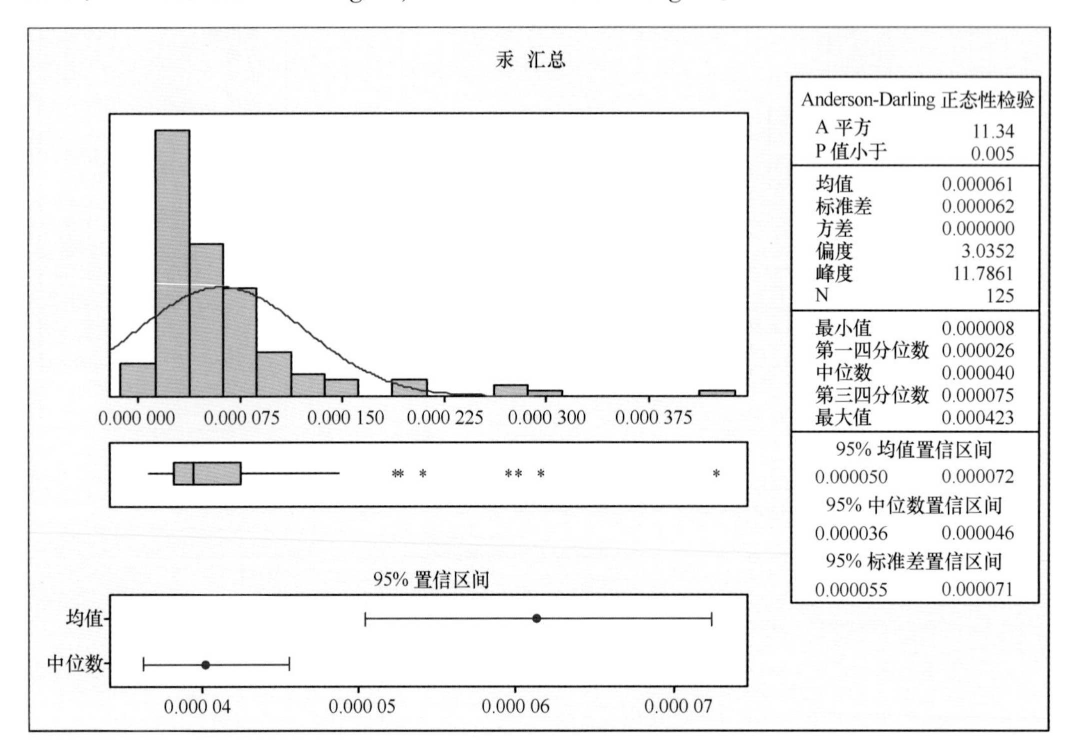


图 4.12 汞历史数据统计分析

6）持久性有机污染物

持久性有机污染物指标主要包括苯并（a）芘和PAHs，结合秦皇岛地区主要入海污染源中苯并（a）芘和PAHs含量的统计结果，本标准中对苯并（a）芘和PAHs排放浓度限值为：

苯并（a）芘：0.000 03 mg/L，与污水综合排放标准一致。

PAHs：一级标准为0.001 mg/L；二级标准为0.005 mg/L。

7）其他污染物

其他污染物主要包括石油类、悬浮物、粪大肠菌群、肠球菌等。对秦皇岛地区主要入海污染源历史数据资料统计分析结果如图4.22~图4.24所示。其中，粪大肠菌群含量由于缺少有关污水中的参考标准，本标准参考了海洋中粪大肠菌群的浓度限值来确定。本标准中对上述几种主要污染物的限定标准如下。

石油类：一级标准为1 mg/L；二级标准为5 mg/L。

悬浮物：一级标准为60 mg/L；二级标准为100 mg/L。

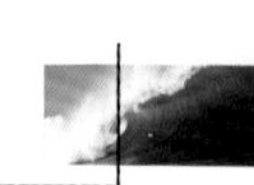

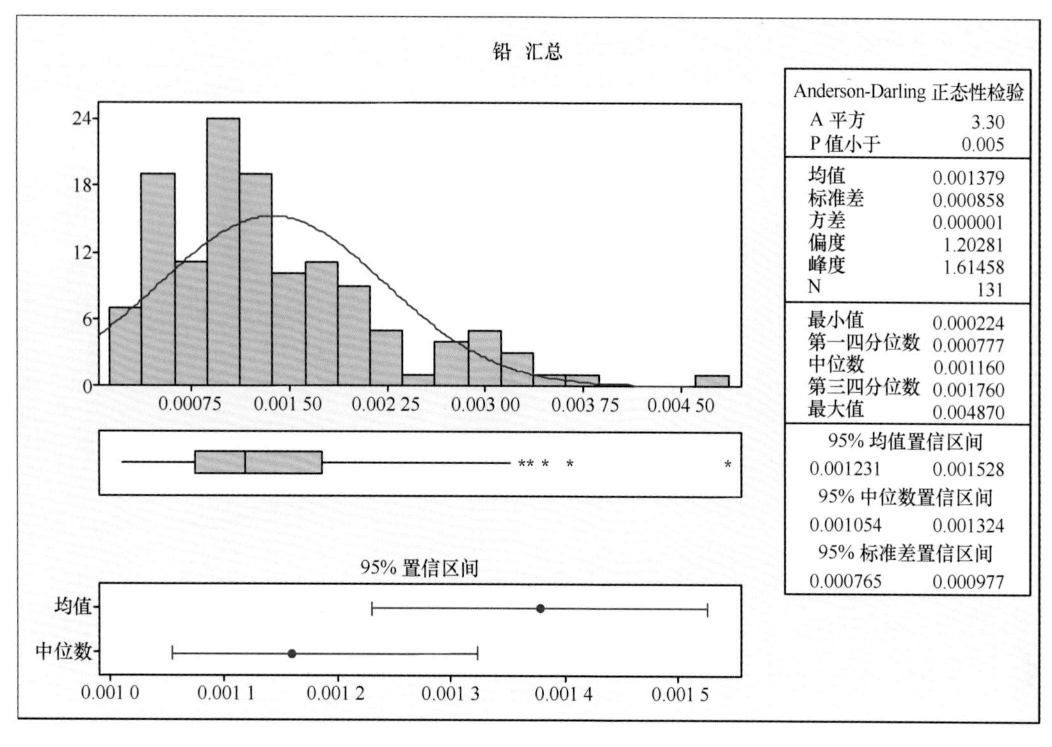


图 4.13　铅历史数据统计分析

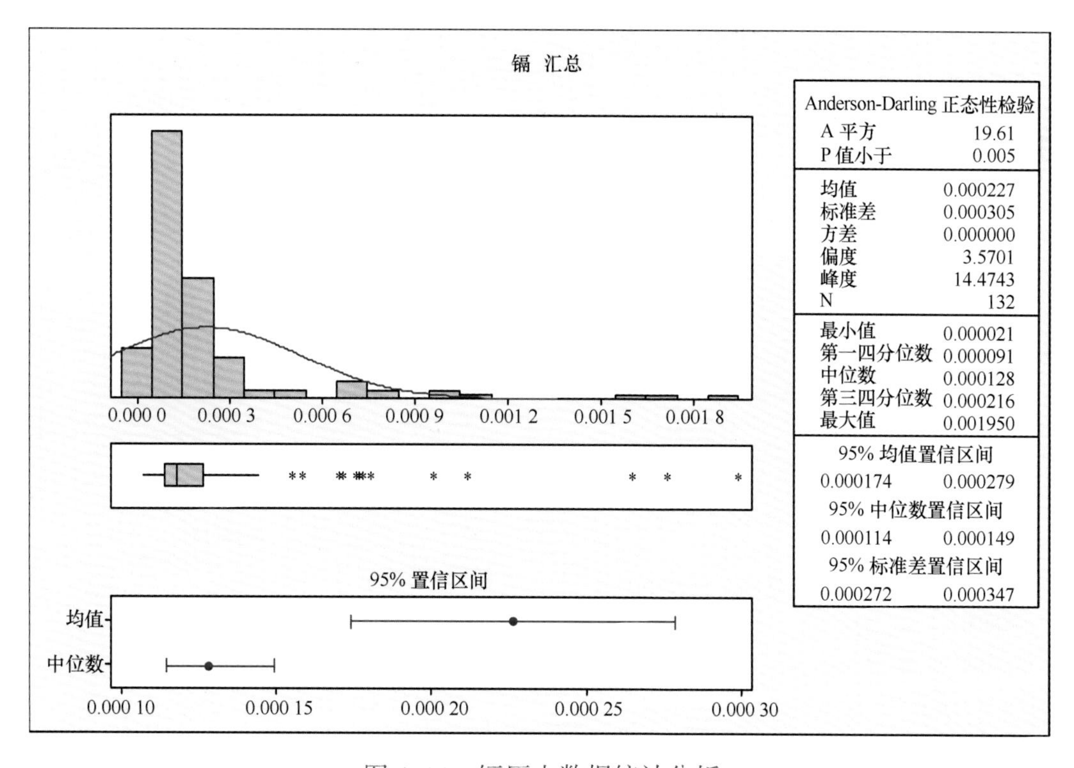


图 4.14　镉历史数据统计分析

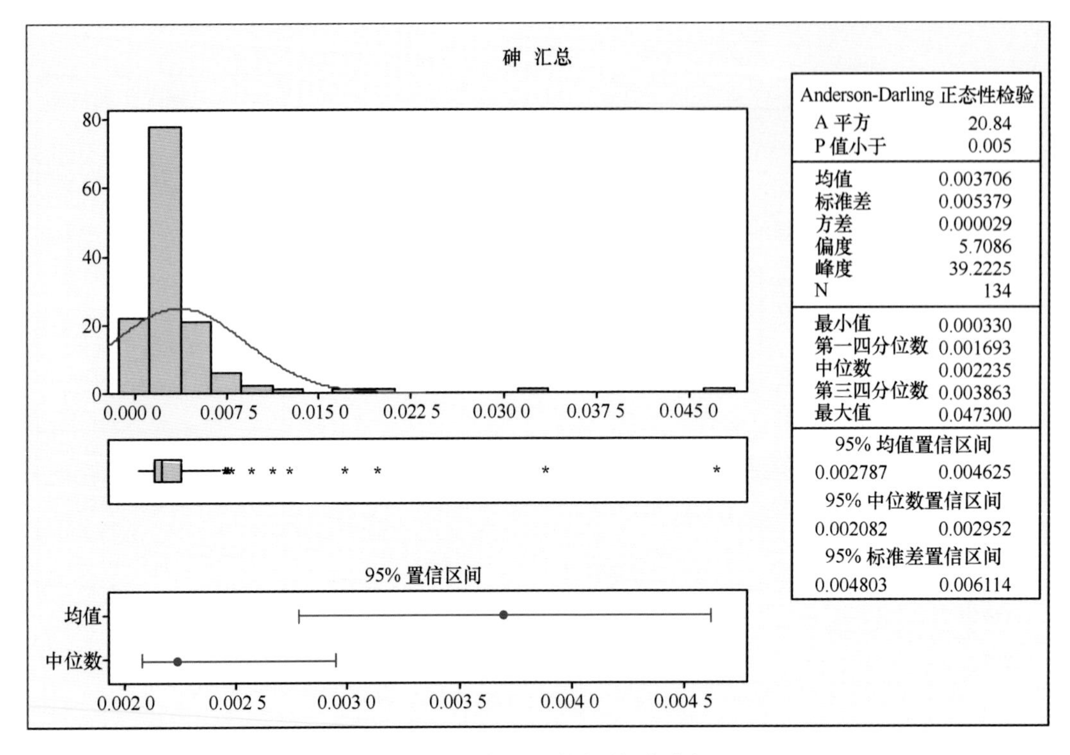


图 4.15　砷历史数据统计分析

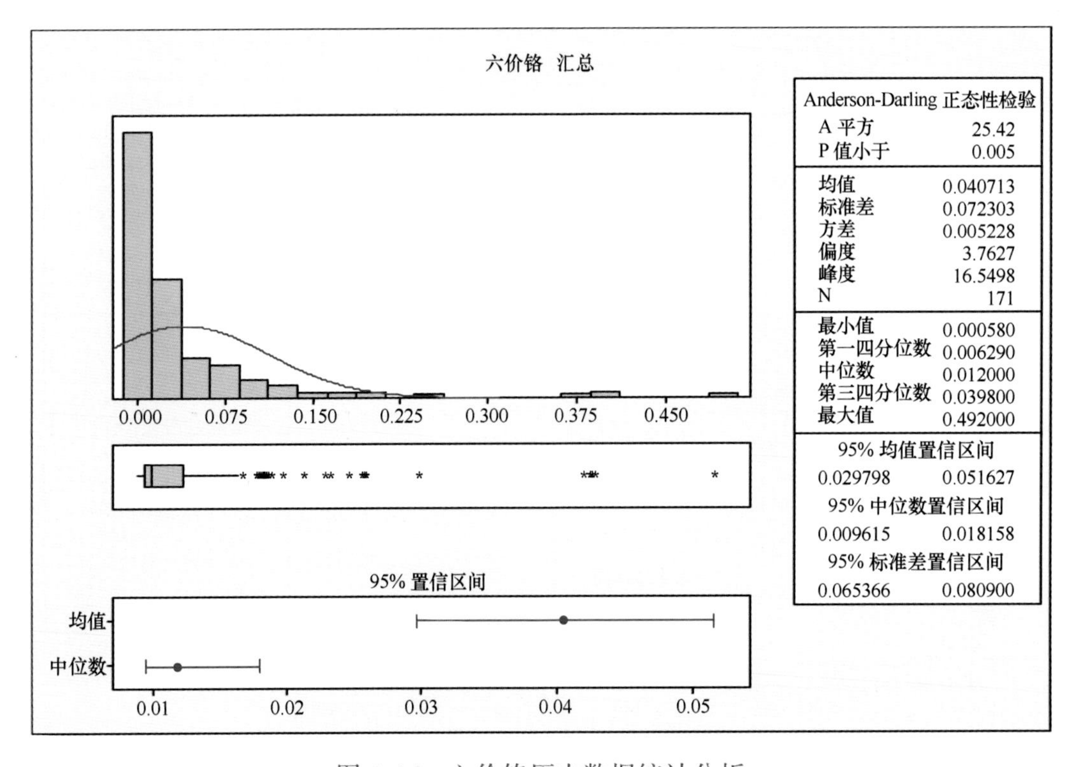


图 4.16　六价铬历史数据统计分析

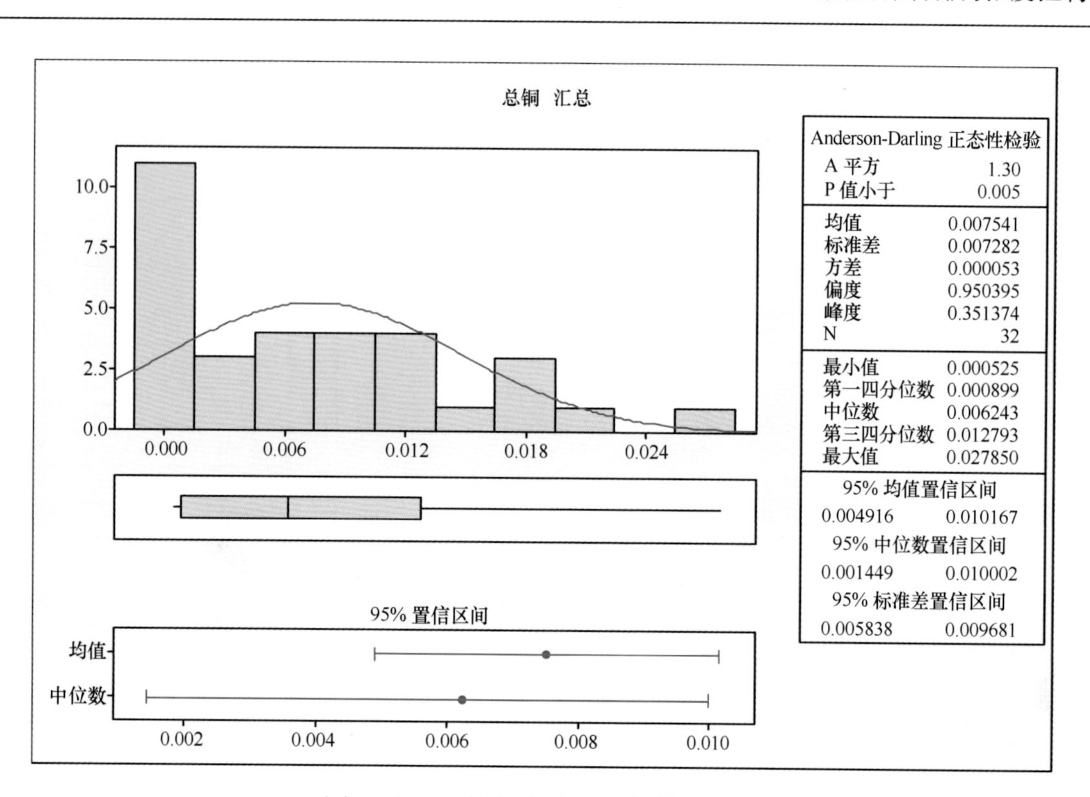


图 4.17 总铜补充调查数据统计分析

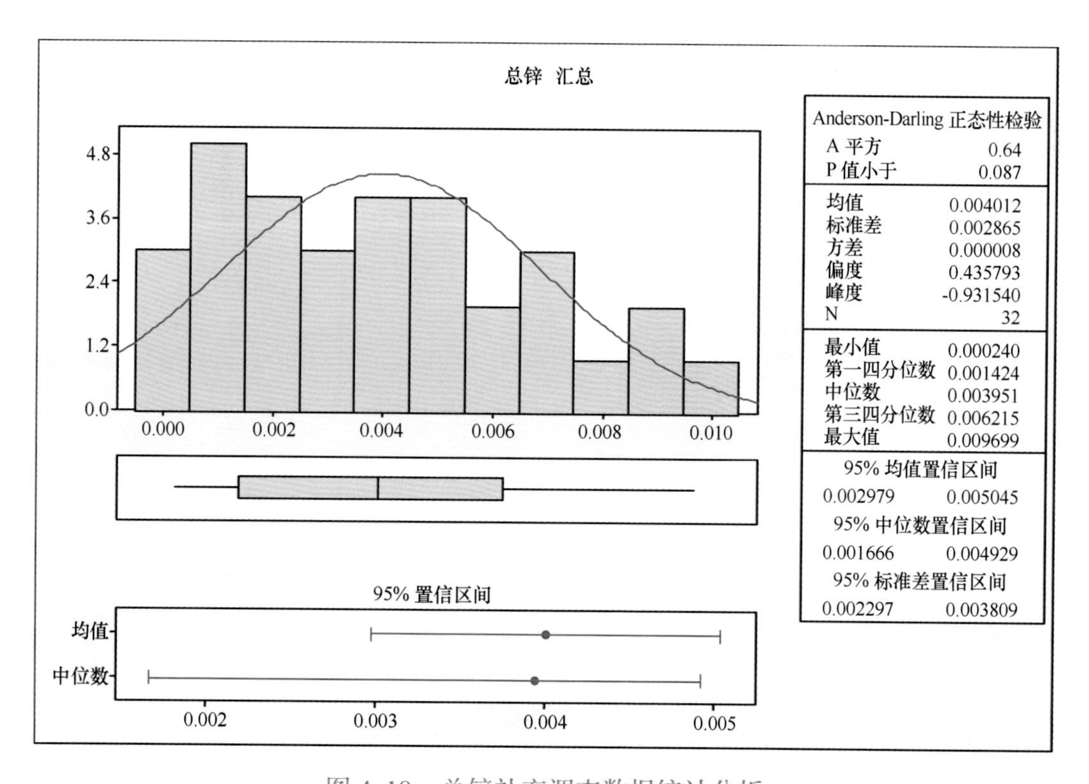


图 4.18 总锌补充调查数据统计分析

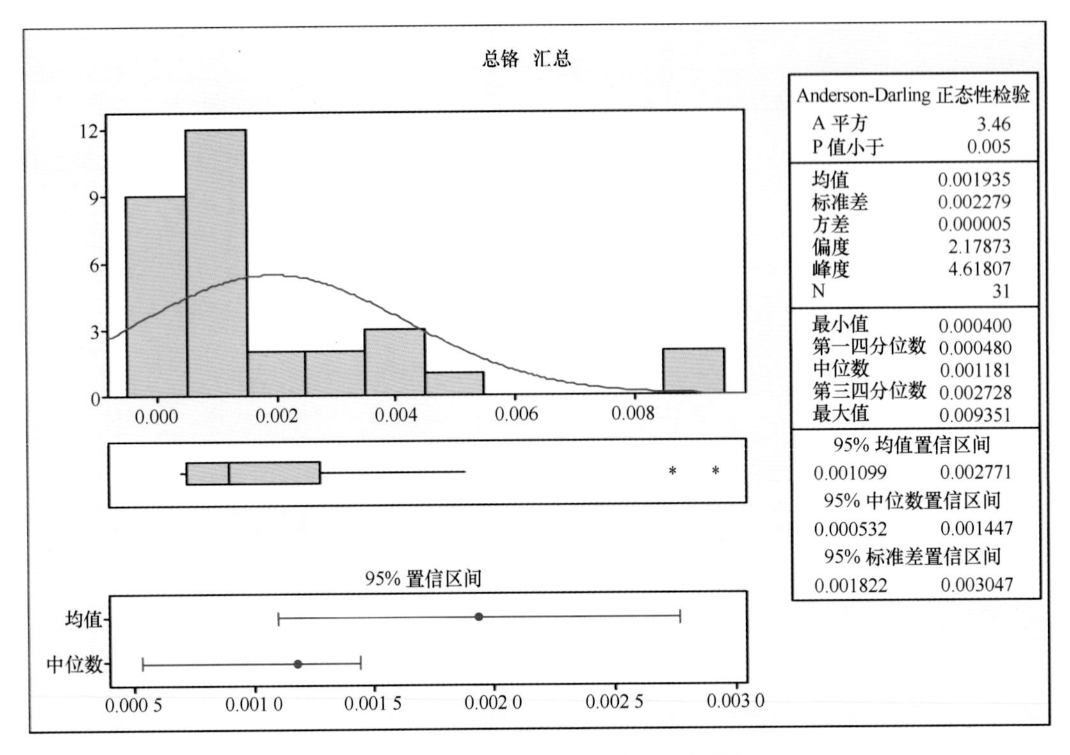


图 4.19 总铬补充调查数据统计分析

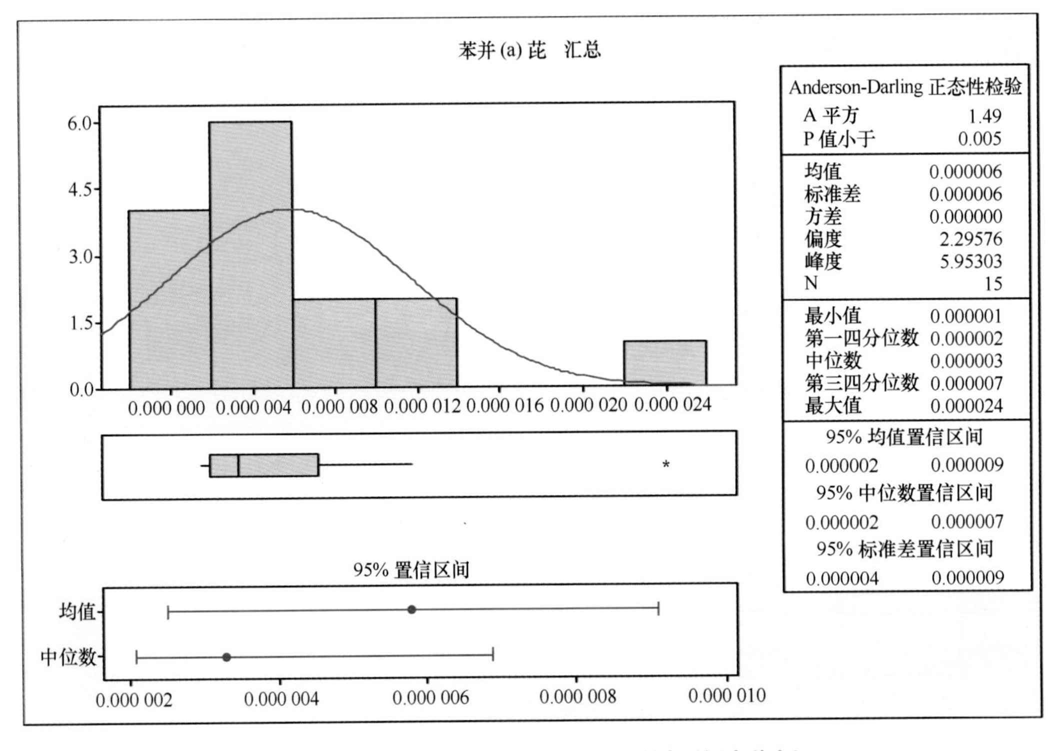


图 4.20 苯并（a）芘补充调查数据统计分析

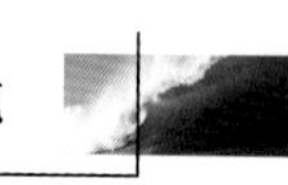

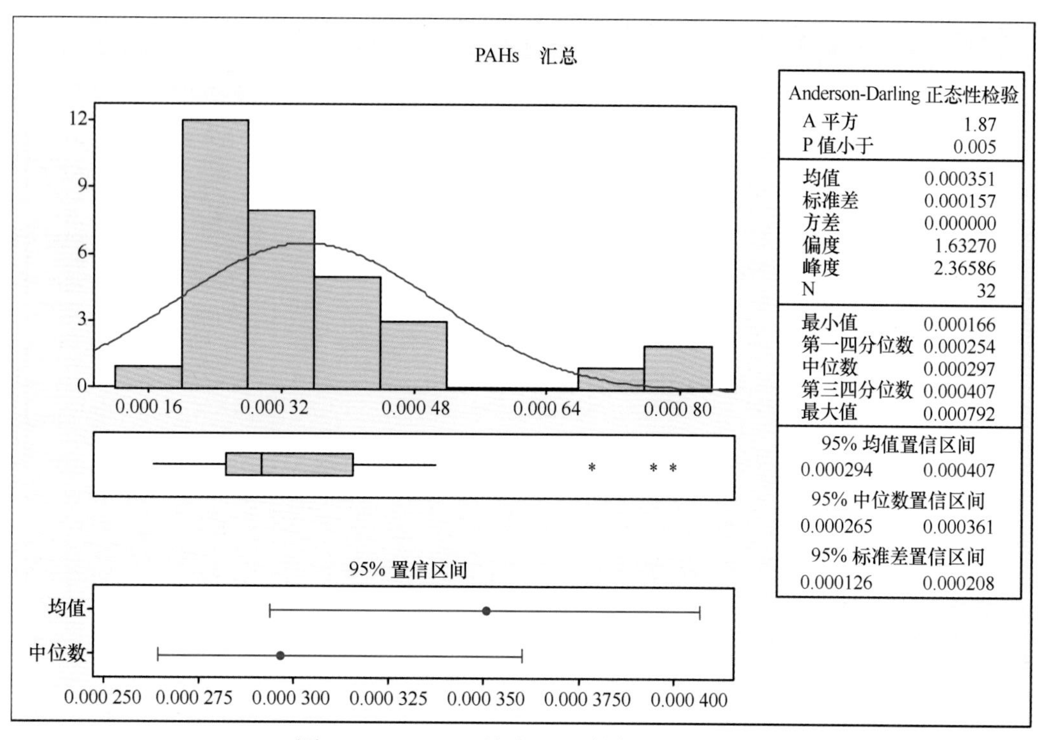


图 4.21 PAHs 补充调查数据统计分析

粪大肠菌群：一级标准为 10 000 个/L；二级标准为 20 000 个/L。

肠球菌：一级标准为 2 000 个/L；二级标准为 5 000 个/L（国内已有标准中无关于肠球菌的定值，参考国际海水浴场相关标准的基础上确定）。

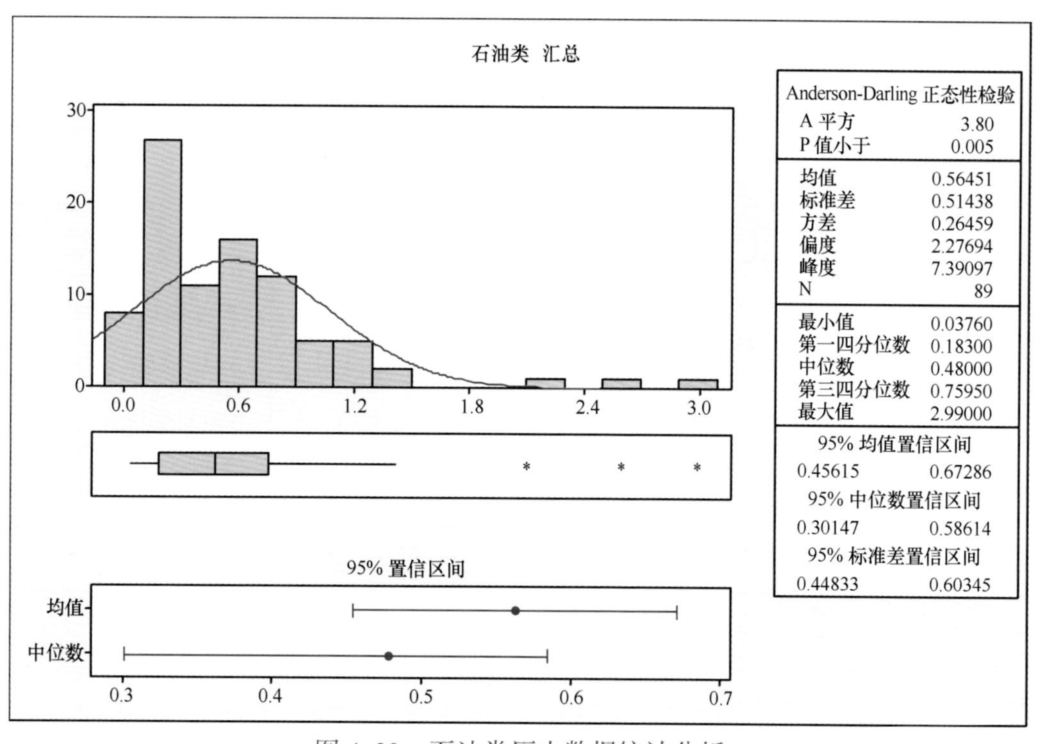


图 4.22 石油类历史数据统计分析

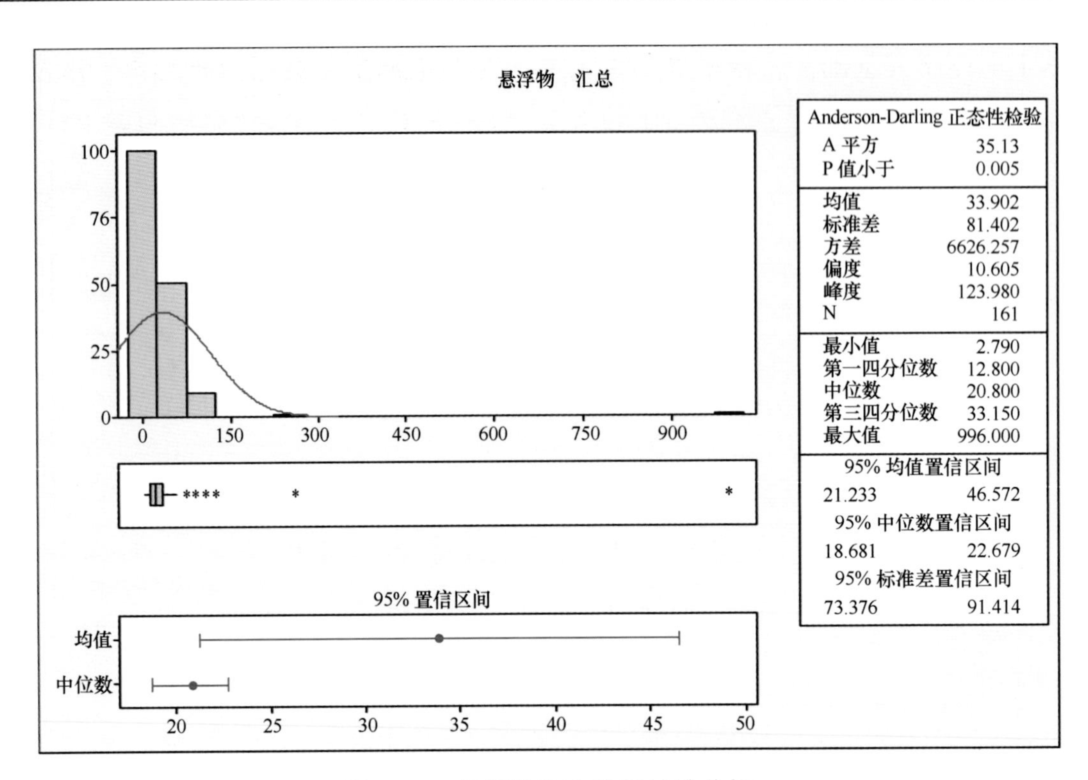


图 4.23 悬浮物历史数据统计分析

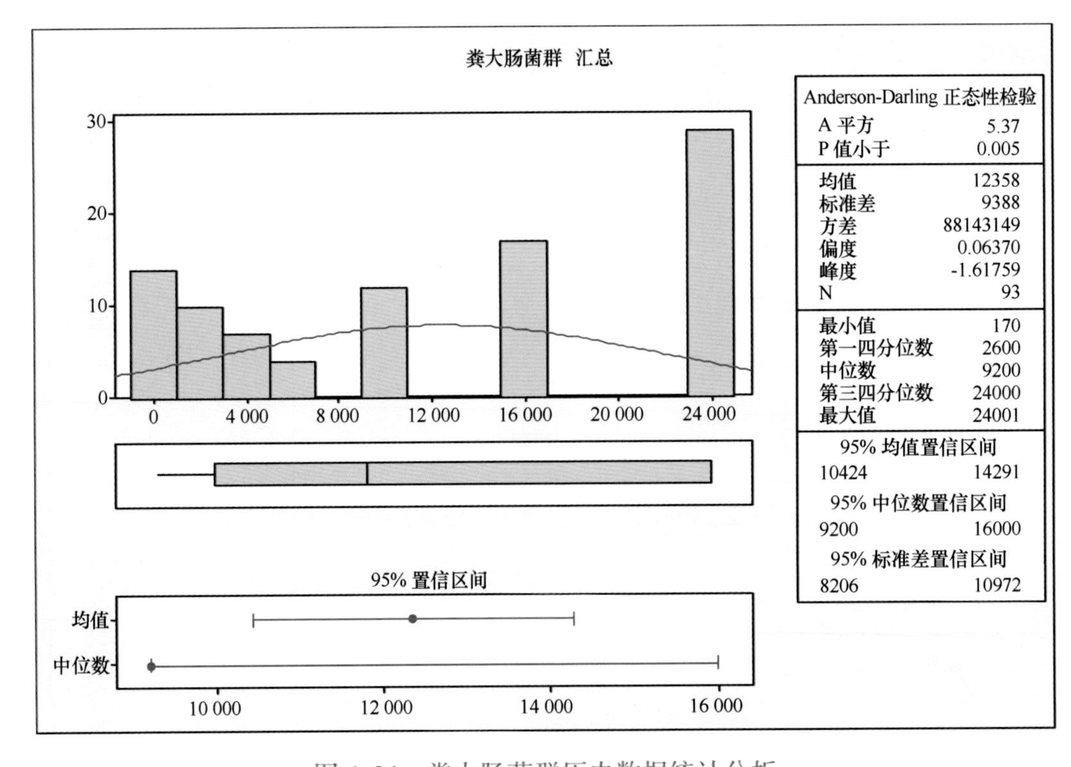


图 4.24 粪大肠菌群历史数据统计分析

基于上述研究基础，结合秦皇岛市主要入海污染源历史数据分析结果，以及排入近岸海域的功能区环境质量要求，初步确定秦皇岛市陆源排海浓度限值如表 4.4 所示。

**表 4.4　陆源入海排污口污染物排海浓度限值**　　单位：mg/L

| 序号 | 污染物 | 一级 | 二级 |
|---|---|---|---|
| 1 | 总汞 | 0.005 | |
| 2 | 总镉 | 0.01 | |
| 3 | 总铬 | 0.2 | |
| 4 | 六价铬 | 0.1 | |
| 5 | 总砷 | 0.1 | |
| 6 | 总铅 | 0.1 | |
| 7 | 苯并（a）芘 | 0.00003 | |
| 8 | pH | 6~9 | |
| 9 | 色度（稀释倍数） | 30 | 50 |
| 10 | 嗅味 | 不得有异臭、异味 | 不应有明显的异臭、异味 |
| 11 | COD | 60 | 100 |
| 12 | $BOD_5$ | 20 | 30 |
| 13 | TOC | 20 | 30 |
| 14 | DO | ≥6 | ≥5 |
| 15 | TN | 15 | 25 |
| 16 | TP | 0.5 | 2 |
| 17 | 氨氮 | 8 | 15 |
| 18 | 无机氮 | 10 | 20 |
| 19 | 磷酸盐 | 0.5 | 1 |
| 20 | 铜 | 0.1 | 0.5 |
| 21 | 锌 | 0.5 | 1 |
| 22 | PAHs | 0.001 | 0.005 |
| 23 | 石油类 | 1 | 5 |
| 24 | 悬浮物 | 60 | 100 |
| 25 | 粪大肠菌群（个/L） | 10 000 | 20 000 |
| 26 | 肠球菌（个/L） | 2 000 | 5 000 |

## 4.4 与其他标准比较

### 4.4.1 与《污水综合排放标准》（GB 8978—1996）的比较

与《污水综合排放标准》（GB 8978—1996）相比，增加了与海洋环境质量密切相关的总氮、总磷、无机氮、多环芳烃等污染要素，另外结合秦皇岛地区污水排放现状和秦皇岛地区作为全国著名的滨海旅游度假区的特征，增加了肠球菌、嗅味感官指标和溶解氧指标。

一类污染物标准的分级与 GB 8978—1996 保持一致，未进行分级。而二类污染物则分为一级和二级两个标准，比 GB 8978—1996 少一级。一类污染物标准限值与 GB 8978—1996 相比，除苯并（a）芘标准限值与 GB 8978—1996 一致外，其余指标的标准限值均严于 GB 8978—1996。二类污染物除 pH、$BOD_5$、TOC、磷酸盐的标准限值与 GB 8978—1996 的一、二级标准一致外，其余指标排放标准限值均严于 GB 8978—1996。而 GB 8978—1996 中粪大肠菌群主要针对医疗废水，不具有可比性。

本标准与《污水综合排放标准》（GB 8978—1996）污染物浓度限值比较见表 4.5。

表 4.5 本标准与 GB 8978—1996 比较

| 序号 | 指标 | 浓度限值（mg/L） | | | | |
|---|---|---|---|---|---|---|
| | | 本标准 | | GB 8978—1996 | | |
| | | 一级 | 二级 | 一级 | 二级 | 三级 |
| 1 | 总汞 | 0.005 | | 0.05 | | |
| 2 | 总镉 | 0.01 | | 0.1 | | |
| 3 | 总铬 | 0.2 | | 1.5 | | |
| 4 | 六价铬 | 0.1 | | 0.5 | | |
| 5 | 总砷 | 0.1 | | 0.5 | | |
| 6 | 总铅 | 0.1 | | 1 | | |
| 7 | 苯并（a）芘 | 0.00003 | | 0.00003 | | |
| 8 | pH | 6~9 | 6~9 | 6~9 | 6~9 | 6~9 |
| 9 | 色度（稀释倍数） | 30 | 50 | 50 | 80 | - |
| 10 | 嗅味 | 不得有异臭、异味 | 不应有明显的异臭、异味 | - | - | - |

续表 4.5

| 序号 | 指标 | 浓度限值（mg/L） | | | | |
|---|---|---|---|---|---|---|
| | | 本标准 | | GB 8978—1996 | | |
| | | 一级 | 二级 | 一级 | 二级 | 三级 |
| 11 | COD | 60 | 100 | 100 | 150 | 500 |
| 12 | $BOD_5$ | 20 | 30 | 20 | 30 | 300 |
| 13 | TOC | 20 | 30 | 20 | 30 | – |
| 14 | DO | ≥6 | ≥5 | – | – | – |
| 15 | TN | 15 | 25 | – | – | – |
| 16 | TP | 0. 5 | 2 | – | – | – |
| 17 | 氨氮 | 8 | 15 | 15 | 25 | – |
| 18 | 无机氮 | 10 | 20 | – | – | – |
| 19 | 磷酸盐 | 0. 5 | 1 | 0. 5 | 1 | – |
| 20 | 铜 | 0. 1 | 0. 5 | 0. 5 | 1 | 2 |
| 21 | 锌 | 0. 5 | 1 | 2 | 5 | 5 |
| 22 | PAHs | 0. 001 | 0. 005 | – | – | – |
| 23 | 石油类 | 1 | 5 | 5 | 10 | 20 |
| 24 | 悬浮物 | 60 | 100 | 70 | 150 | 400 |
| 25 | 粪大肠菌群（个/L） | 10 000 | 20 000 | 500 | 1 000 | 5 000 |
| 26 | 肠球菌（个/L） | 2 000 | 5 000 | – | – | – |

### 4. 4. 2　与《污水海洋处置工程污染控制标准》（GB 18486—2001）的比较

污水海洋处置工程主要是针对利用放流管和水下扩散器向海域排放污水，《污水海洋处置工程污染控制标准》（GB 18486—2001）对海洋处置工程中污染物的浓度限值进行了限定。该标准也是目前为数不多的专门针对污染物排放入海的浓度限定标准，但标准主要适用于深海排污等处置工程的污染物浓度限值，且该标准中并未对污染物进行分类。

与 GB 18486—2001 相比，本标准一类污染物中除苯并（a）芘外，其余指标都要严于 GB 18486—2001。二类污染物中除 pH 外，其余指标也都要严于 GB 18486—2001。本标准与 GB 18486—2001 浓度限值比较如表 4. 6 所示。

表 4.6　本标准与 GB 18486—2001 比较　　　　单位：mg/L

| 序号 | 指标 | 本标准 | | GB 18486—2001 |
| --- | --- | --- | --- | --- |
| | | 一级 | 二级 | |
| 1 | 总汞 | 0.005 | | 0.05 |
| 2 | 总镉 | 0.01 | | 0.1 |
| 3 | 总铬 | 0.2 | | 1.5 |
| 4 | 六价铬 | 0.1 | | 0.5 |
| 5 | 总砷 | 0.1 | | 0.5 |
| 6 | 总铅 | 0.1 | | 1 |
| 7 | 苯并（a）芘 | 0.00003 | | 0.00003 |
| 8 | pH | 6~9 | | 6~9 |
| 9 | 色度（稀释倍数） | 30 | 50 | |
| 10 | 嗅味 | 不得有异臭、异味 | 不应有明显的异臭、异味 | |
| 11 | COD | 60 | 100 | 300 |
| 12 | $BOD_5$ | 20 | 30 | 150 |
| 13 | TOC | 20 | 30 | 120 |
| 14 | DO | ≥6 | ≥5 | |
| 15 | TN | 15 | 25 | 40 |
| 16 | TP | 0.5 | 2 | 8 |
| 17 | 氨氮 | 8 | 15 | 25 |
| 18 | 无机氮 | 10 | 20 | 30 |
| 19 | 磷酸盐 | 0.5 | 1 | |
| 20 | 铜 | 0.1 | 0.5 | 1 |
| 21 | 锌 | 0.5 | 1 | 5 |
| 22 | PAHs | 0.001 | 0.005 | |
| 23 | 石油类 | 1 | 5 | 12 |
| 24 | 悬浮物 | 60 | 100 | 200 |
| 25 | 粪大肠菌群（个/L） | 10 000 | 20 000 | 20 000 |
| 26 | 肠球菌（个/L） | 2 000 | 5 000 | |

### 4.4.3　本标准与《城镇污水处理厂污染物排放标准》（GB 18918—2002）比较

根据《全国投运污水处理设施清单》（环境保护部公告 2014 年第 26 号），截至 2013 年底，秦皇岛地区共有投运的污水处理厂 13 个，具体信息详见表 4.7。其中直接

表 4.7 秦皇岛地区污水处理厂信息

| 序号 | 名称 | 行政区域 | 受纳水体 | 设计日处理量（$m^3/d$） | 处理方式 | 投运时间 | 执行标准 |
|---|---|---|---|---|---|---|---|
| 1 | 国中（秦皇岛）污水处理有限公司 | 海港区 | 渤海 | 120000 | A/O | 2001 年 8 月 | * GB 18918—2002 的一级 B 标准 |
| 2 | 秦皇岛市第三污水处理厂 | 海港区 | 汤河 | 70000 | 氧化沟 | 2001 年 9 月 | |
| 3 | 秦皇岛排水有限责任公司第二污水处理厂 | 抚宁县 | 洋河 | 70000 | 活性污泥法 | 2000 年 6 月 | |
| 4 | 秦皇岛市第一污水处理厂 | 海港区 | 渤海 | 40000 | A2/O | 1987 年 5 月 | |
| 5 | 青龙满族自治县满源污水处理有限公司 | 青龙满族自治县 | 青龙河 | 10000 | 奥贝尔氧化沟 | 2010 年 6 月 | |
| 6 | 中冶水务抚宁有限公司 | 抚宁县 | 洋河 | 50000 | 氧化沟 | 2010 年 4 月 | |
| 7 | 秦皇岛开发区泰盛水务有限公司（龙海道污水处理厂） | 秦皇岛经济技术开发区 | 渤海 | 10000 | A2/O | 2010 年 1 月 | |
| 8 | 中冶秦皇岛水务有限公司 | 山海关区 | 渤海 | 40000 | A2/O | 2010 年 5 月 | ** GB 18918—2002 的一级 A 标准 |
| 9 | 国水（昌黎）污水处理有限公司 | 昌黎县 | 新滦河 | 40000 | SBR | 2009 年 2 月 | |
| 10 | 秦皇岛排水有限责任公司第六污水处理厂 | 卢龙县 | 新滦河 | 20000 | CASS | 2010 年 6 月 | |
| 11 | 九号污水处理厂 | 秦皇岛经济技术开发区 | — | 7000 | SBR | 2008 年 3 月 | — |
| 12 | 起步区污水处理厂（二号污水处理厂） | 秦皇岛经济技术开发区 | — | 3000 | 活性污泥法 | 2011 年 1 月 | — |
| 13 | 东海道污水处理厂 | 秦皇岛经济技术开发区 | — | 4500 | A/O | 2009 年 5 月 | — |

排放进入渤海的有 4 个，其余的污水处理厂分别排入汤河、洋河、青龙河和新滦河。综合分析本标准与《城镇污水处理厂污染物排放标准》（GB 18918—2002），污水处理厂排放限值总体上要严于本排放标准，因此在污水经处理后直接或间接排放基本满足本排放标准的要求。

表 4.8　本标准与秦皇岛地区污水处理厂排放限值比较

| 项目 | 本标准 | | 各污水处理厂排放限值（按表 4.7 序号排列） | | | | | | | | | |
|---|---|---|---|---|---|---|---|---|---|---|---|---|
| | 一级 | 二级 | 1 | 2 | 3 | 4 | 5 | 6 | 7 | 8 | 9 | 10 |
| pH 值 | 6~9 | 6~9 | 6~9 | 6~9 | 6~9 | 6~9 | 6~9 | 6~9 | 6~9 | 6~9 | 6~9 | 6~9 |
| 生化需氧量（mg/L） | 20 | 30 | 20 | 20 | 20 | 10 | 10 | 10 | 10 | 10 | 10 | 10 |
| 总磷（mg/L） | 0.5 | 2 | 1.5 | 1.5 | 1.5 | 1 | 1 | 1 | 1 | 0.5 | 0.5 | 0.5 |
| 化学需氧量（mg/L） | 60 | 100 | 60 | 60 | 60 | 50 | 50 | 50 | 50 | 50 | 50 | 50 |
| 色度（稀释倍数） | 30 | 50 | 30 | 30 | 30 | 30 | 30 | 30 | 30 | 30 | 30 | 30 |
| 总汞（mg/L） | 0.005 | | 0.001 | 0.001 | 0.001 | 0.001 | 0.001 | 0.001 | 0.001 | 0.001 | 0.001 | 0.001 |
| 总镉（mg/L） | 0.01 | | 0.01 | 0.01 | 0.01 | 0.01 | 0.01 | 0.01 | 0.01 | 0.01 | 0.01 | 0.01 |
| 总铬（mg/L） | 0.2 | | 0.1 | 0.1 | 0.1 | 0.1 | 0.1 | 0.1 | 0.1 | 0.1 | 0.1 | 0.1 |
| 六价铬（mg/L） | 0.1 | | 0.05 | 0.05 | 0.05 | 0.05 | 0.05 | 0.05 | 0.05 | 0.05 | 0.05 | 0.05 |
| 总砷（mg/L） | 0.1 | | 0.1 | 0.1 | 0.1 | 0.1 | 0.1 | 0.1 | 0.1 | 0.1 | 0.1 | 0.1 |
| 总铅（mg/L） | 0.1 | | 0.1 | 0.1 | 0.1 | 0.1 | 0.1 | 0.1 | 0.1 | 0.1 | 0.1 | 0.1 |
| 悬浮物（mg/L） | 60 | 100 | 20 | 20 | 20 | 10 | 10 | 10 | 10 | 10 | 10 | 10 |
| 粪大肠菌群数（个/L） | 10 000 | 20 000 | 10 000 | 10 000 | 10 000 | 1 000 | 1 000 | 1 000 | 1 000 | 1 000 | 1 000 | 1 000 |
| 氨氮（mg/L） | 8 | 15 | 15 | 15 | 15 | 8 | 8 | 8 | 8 | 8 | 8 | 8 |
| 总氮（mg/L） | 15 | 25 | 20 | 20 | 20 | 15 | 15 | 15 | 15 | 15 | 15 | 15 |
| 石油类（mg/L） | 1 | 5 | 3 | 3 | 3 | 1 | 1 | 1 | 1 | 1 | 1 | 1 |

## 4.4.4　与其他地方排放标准的比较

与《北京市水污染物排放标准》（DB 11/307—2013）、《上海市污水综合排放标准》（DB 31/199—2009）、《山东省半岛流域水污染物综合排放标准》（DB 37/676—2007）、《辽宁省污水综合排放标准》（DB 21/1627—2008）等多个地方水污染物排放标准进行了比较，如表 4.9 所示。

表 4.9 本标准与其他地方标准限值的比较

单位：mg/L

| 污染物 | 本标准 | | DB 31/199—2009 | | | DB 37/676—2007 | | DB 21/1627—2008 | DB 50/457—2012 | DB 11/307—2013 | |
|---|---|---|---|---|---|---|---|---|---|---|---|
| | 一级 | 二级 | 特殊保护水域 | 一级 | 二级 | 一级 | 二级 | | | A 排放限值 | B 排放限值 |
| 总汞 | 0.005 | | | 0.005 | 0.02 | 0.005 | 0.01 | | | 0.001 | 0.002 |
| 总镉 | 0.01 | | | 0.01 | 0.1 | 0.05 | 0.05 | | | 0.01 | 0.02 |
| 总铬 | 0.2 | | | 0.15 | 1.5 | 0.5 | 1 | | | 0.2 | 0.5 |
| 六价铬 | 0.1 | | | 0.05 | 0.5 | 0.2 | 0.5 | | | 0.1 | 0.2 |
| 总砷 | 0.1 | | | 0.05 | 0.5 | 0.2 | 0.5 | | | 0.04 | 0.1 |
| 总铅 | 0.1 | | | 0.1 | 1 | 0.5 | 0.5 | | | 0.1 | 0.1 |
| 苯并（a）芘 | 0.000 03 | | | 0.000 03 | 0.000 03 | 0.000 03 | 0.000 03 | | | 0.000 03 | 0.000 03 |
| pH | 6~9 | 6~9 | 6~9 | 6~9 | 6~9 | 6~9 | 6~9 | | | 6.5~8.5 | 6~9 |
| 色度 | 30 | 50 | 40 | 50 | 50 | 40 | 50 | 30 | | 10 | 30 |
| 嗅味 | 不得有异臭、异味 | 不应有明显的异臭、异味 | | | | | | | | | |
| COD | 60 | 100 | 60 | 80 | 100 | 100 | 120 | 50 | 80 | 20 | 30 |
| $BOD_5$ | 20 | 30 | 15 | 20 | 30 | 20 | 30 | 10 | 20 | 4 | 6 |
| TOC | 20 | 30 | 18 | 20 | 30 | 20 | 30 | 20 | | 8 | 12 |
| DO | ≥6 | ≥5 | | | | | | | | | |
| TN | 15 | 25 | 20 | 25 | 35 | | | 15 | 20 | 10 | 15 |
| TP | 0.5 | 2 | 0.5 | 0.5 | 1 | | | | 0.5 | 0.2 | 03 |
| 氨氮 | 5 | 10 | 8 | 10 | 15 | 15 | 25 | 8（10） | 10 | 1.0（1.5） | 1.5（2.5） |
| 无机氮 | 10 | 20 | | | | | | | | | |
| 磷酸盐 | 0.5 | 1 | | | | | | 0.5 | | | |
| 铜 | 0.1 | 0.5 | 0.2 | 0.5 | 1 | 0.5 | 1 | | | 0.3 | 0.5 |
| 锌 | 0.5 | 1 | 1 | 2 | 4 | 2 | 5 | | | 1 | 1.5 |
| PAHs | 0.001 | 0.005 | | | | | | | | | |
| 石油类 | 1 | 5 | 3 | 5 | 10 | 5 | 10 | 3 | 3 | 0.05 | 1.0 |
| 悬浮物 | 60 | 100 | 50 | 60 | 70 | 70 | 100 | 20 | | 5 | 10 |
| 粪大肠菌群（个/L） | 10 000 | 20 000 | 500 | 1 000 | 1 000 | 50 | 100 | | | | |
| 肠球菌（个/L） | 2 000 | 5 000 | | | | | | | | | |

各地方标准中，污染物的分级和分类均不尽相同。在对污染物进行分类的标准中，多数地方标准将污染物分为两类，如《上海市污水综合排放标准》（DB 31/199—2009）；而限值标准最为严格的是《北京市水污染物排放标准》（DB 11/307—2013）。本标准与其他地方标准相比，污染物浓度限值严于除北京市以外的其他水污染物排放标准。

## 4.5 河流入海污染物排放控制

入海河流作为一类特殊的排海水体，其污染物的排放控制标准不能与排污口污水等同待之。《地表水环境质量标准》（GB 3838—2002）规定："与近海水域相连的地表水域根据水环境功能按本标准相应类别的标准值进行管理，近海功能区水域根据使用功能按《海水水质标准》（GB 3097—1997）相应类别标准值进行管理"。本标准旨在制定来源于陆地污水的污染物排海标准，因此以地表水的相关水质标准作为制定入海河流控制标准的依据。

秦皇岛市部分河流水环境功能区划及入海断面控制要求见表4.10。

**表4.10　秦皇岛市部分河流水环境功能区划及入海断面控制要求**

| 河流名称 | 入海口水环境功能区划 | 地表水水质要求 | 入海口所在海域功能区 | 水质控制要求 | 水质类别 | |
|---|---|---|---|---|---|---|
| | | | | | 2012年 | 2013年 |
| 新开河 | 工业 | IV类 | 1-2新开河农渔业区 | 限排区，IV类 | 第IV类 | 第IV类 |
| 石河 | 饮用、渔业、游泳 | III类 | 5-1山海关旅游娱乐区 | 禁排区，III类 | 劣V类 | 劣V类 |
| 汤河 | 工业、娱乐 | IV类 | 5-3北戴河旅游娱乐区 | 禁排区，III类 | 劣V类 | 劣V类 |
| 戴河 | 饮用水源地二级保护区、游泳区 | II类 | 5-3北戴河旅游娱乐区 | 禁排区，II类 | - | 劣V类 |
| 洋河 | 饮用、渔业、游泳 | III类 | 1-3洋河口农渔业区 | 限排区，III类 | 劣V类 | 劣V类 |
| 饮马河 | 工业 | IV类 | 1-6大蒲河口农渔业区 | 限排区，IV类 | 劣V类 | 劣V类 |
| 人造河 | 工业 | IV类 | 1-5人造河口农渔业区 | 限排区，IV类 | 劣V类 | 劣V类 |

考虑到本标准中对近岸海域禁止排放区、限制排放区和允许排放区的划分，结合河流入海断面处水环境功能要求，按照从严的原则，对入海河流的排海污染物控制标准如下。

禁止排放区：禁止排放区内的入海河流污染物排海执行所在河口水域水环境功能

要求的地表水环境质量标准，并不得低于 III 类地表水水质标准。

限制排放区：限制排放区内的入海河流污染物排海执行所在河口水域水环境功能要求的地表水环境质量标准，并不得低于 IV 类地表水环境质量标准。

允许排放区：允许排放区内的入海河流污染物排海执行所在河口水域水环境功能要求的地表水环境质量标准。

## 4.6 污染源达标率分析

利用 2013 年秦皇岛地区部分主要入海污染源的补充调查结果，采用本研究中所提出来的排放标准限值，进行达标率分析，对秦皇岛地区水污染物排放标准进行可行性分析。见表 4.11。

表 4.11 秦皇岛陆源污染物排放达标率分析

| 陆源入海污染源 | 执行标准 | 是否超标 | 超标污染物 |
|---|---|---|---|
| 公牛啤酒厂 | 本标准二级 | 否 | |
| 山海关总排污口 | 本标准二级 | 否 | |
| 西污厂 | 污水处理厂一级 B | 是 | $BOD_5$、氨氮 |
| 戴河 | 地表水 II 类 | 是 | COD、DO、总氮、总磷、氨氮 |
| 滦河 | 地表水 III 类 | 是 | 总氮 |
| 小汤河 | 地表水 III 类 | 是 | COD、DO、总氮、总磷、氨氮、石油类 |
| 新河 | 地表水 III 类 | 是 | COD、总氮、总磷 |
| 石河 | 地表水 III 类 | 是 | 总氮 |
| 汤河 | 地表水 III 类 | 是 | COD、总氮 |
| 沙河 | 地表水 III 类 | 是 | COD、总氮 |
| 洋河 | 地表水 III 类 | 是 | 总氮 |
| 大蒲河 | 地表水 IV 类 | 是 | 总磷、氨氮 |
| 新开河 | 地表水 IV 类 | 是 | COD、总氮 |
| 人造河 | 地表水 IV 类 | 是 | 总氮、总磷、氨氮 |
| 护城河 | 地表水 IV 类 | 是 | COD、总氮、总磷、氨氮 |

结果表明，在本标准条件下，秦皇岛地区 15 个陆源入海污染源有 13 个超标排放，其中监测的入海河流全部超标。超标的主要污染物包括 COD、$BOD_5$、总氮、总磷、DO、氨氮等。

# 5 陆源污染物排海生物毒性控制

## 5.1 秦皇岛排海污水生物毒性状况

全面评估秦皇岛市沿岸排海污水毒性水平及分布特征是科学确定其毒性限值的基础和依据。因此，2013 年 5 月和 8 月分别对秦皇岛市近岸 15 个入海污染源的排海污水进行了毒性分析。同时，根据历史数据对秦皇岛沿岸 4 个入海污染源近 5 年的污水毒性结果分析比较，作为毒性限值制定的参考依据。

### 5.1.1 2013 年秦皇岛市陆源排海污水毒性状况

#### 5.1.1.1 采样站位与测试方法

2013 年 5 月和 8 月对秦皇岛市 15 个入海污染源进行了生物毒性监测，监测时段涵盖了秦皇岛市枯水期和丰水期，入海污染源类型包括各类入海排污口和入海河流。

生物毒性监测包括发光细菌、中肋骨条藻、三角褐指藻、卤虫、海水青鳉幼鱼和海水青鳉鱼卵 6 种不同的测试生物，涵盖了微生物、藻类、甲壳类和鱼类等不同营养级物种，测试终点均只考虑了短期急性毒性测试。测试方法均参考相应的国际标准和国家标准，具体方法如表 5.1 所示。

表 5.1 污水生物毒性测试参考方法

| 种类 | 参考方法 | 毒性指标 |
|---|---|---|
| 发光细菌 | ISO 11348-3：2007 水质：水样对弧菌类光发射抑制影响的测定（发光细菌试验）第 3 部分：冻干菌方法 | 15 min 发光抑制率（$IC_{50}$） |
| | GB/T 15441—1995 水质急性毒性的测定发光细菌法 | |
| 藻类 | ISO 10253：2006 水质：中肋骨条藻和三角褐指藻进行海藻类生长抑制试验方法 | 24 h 生长抑制率（$IC_{50}$） |
| | HY/T 147.5-2013/50 海洋污染物生物毒性检验—藻类检验法 | |

续表

| 种类 | 参考方法 | 毒性指标 |
|---|---|---|
| 甲壳类 | ISO 6341：2012 Water quality - 水质：甲壳类短期毒性测试方法 | 72 h 活动抑制率或致死率（$LC_{50}$） |
| | HY/T 147.5-2013/53 海洋污染物生物毒性检验—甲壳类检验法 | |
| | GB 18420.2-2009 海洋石油勘探开发污染物生物毒性，第 2 部分：检测方法 | |
| 鱼类 | ASTME 1192 - 97（2008）水质：鱼类早期生活阶段毒性测试方法 | 96 h 致死率（$LC_{50}$） |
| | HY/T 147.5-2013/55 海洋污染物生物毒性检验—鱼类检验法 | |
| | GB 18420.2-2009：海洋石油勘探开发污染物生物毒性，第 2 部分：检测方法 | |

#### 5.1.1.2 2013 年秦皇岛市陆源排海污水生物毒性

2013 年 5 月（枯水期）和 8 月（丰水期）的监测结果如图 5.1 和图 5.2 所示。5 月的结果显示（图 5.1）船厂附近排污口、山海关总排污口、大蒲河和小汤河 4 个排污口污水具有较高毒性，对鱼类、甲壳类和藻类等受试生物的致死率均大于 50%；8 月的结果显示（图 5.2），除船厂附近排污口外，其余污染源污水对受试生物的致死率均低于 50%。可见，排海污水的毒性大小易受雨水稀释影响，监测时间和监测频次应给予考虑。

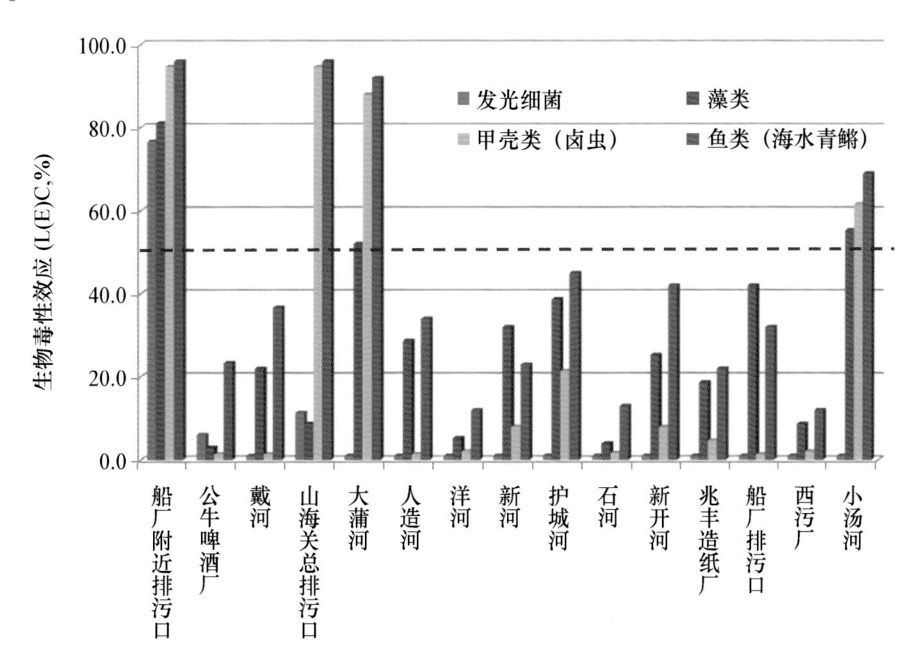


图 5.1 2013 年 5 月秦皇岛市排海污水毒性效应结果

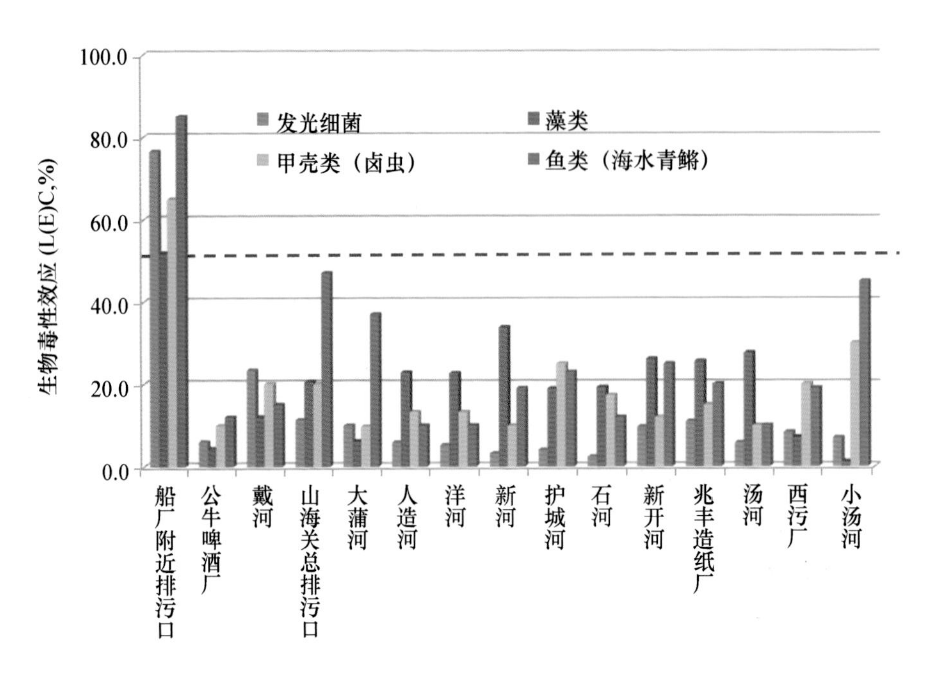


图 5.2　2013 年 8 月秦皇岛市排海污水毒性效应结果

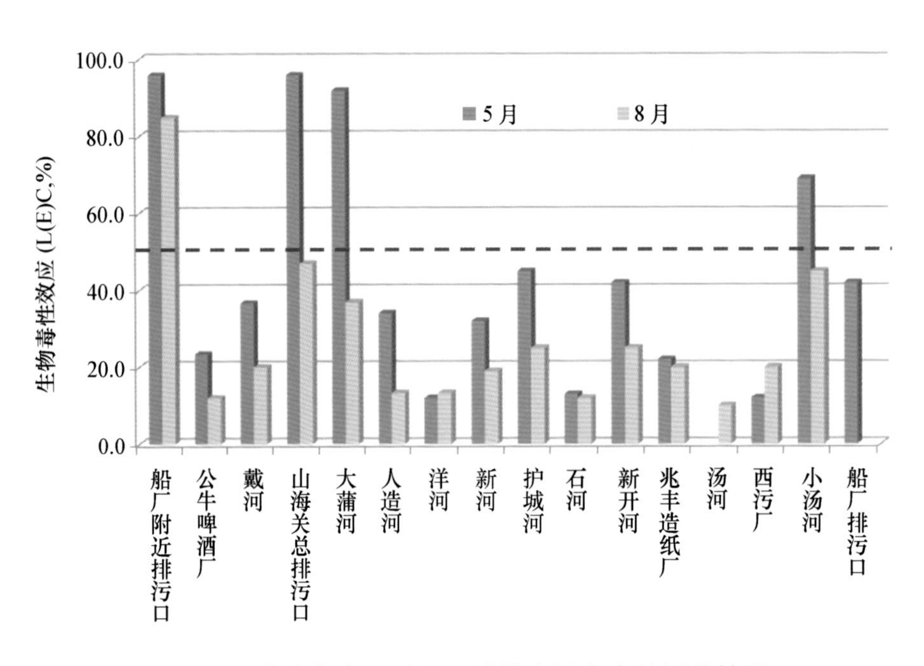


图 5.3　秦皇岛市 5 月和 8 月排海污水毒性评价结果

对排海污水毒性评估结果与当前已测理化指标的相关性分析发现（表 5.2），污水毒性水平与污水中溶解氧（DO）、铵盐和部分重金属具有显著的相关性，其中与铵盐的相关性最高达到 0.9，但与 COD、磷酸盐和石油类没有明显的相关性，这表明污水的生物毒性并不完全取决于已测定的这些污染物的浓度，可能与某些未被检

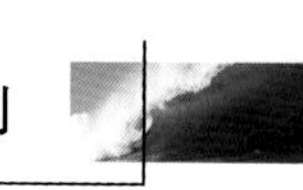

测的污染物或多个污染物的复合效应有关；同时发现污水毒性水平与部分有毒有害污染物如重金属的浓度呈显著相关，表明重金属等有毒有害污染物的防控及消减评估可通过毒性监测与评价进行监管。相关性结果也进一步证明仅仅依靠理化指标来评估污水的环境影响具有局限性，并不能真实反映出污水潜在的生物毒性及生态危害等信息。

**表 5.2 5 月污水毒性评估结果与各理化指标的相关性分析**

| 理化指标 | 相关系数 | 理化指标 | 相关系数 |
|---|---|---|---|
| pH | -0.275 | Cr | 0.029 |
| DO | -0.737 * * | Mn | 0.536 * |
| TOC | 0.253 | Fe | 0.201 |
| COD | 0.222 | Co | 0.41 |
| 石油类 | 0.398 | Ni | -0.216 |
| TN | 0.848 * * | Cu | -0.127 |
| TP | 0.182 | Zn | 0.16 |
| 铵盐 | 0.904 * * | As | 0.492 * |
| 硝酸盐 | -0.378 | Cd | 0.009 |
| 亚硝酸盐 | 0.22 | Tl | -0.088 |
| 磷酸盐 | 0.353 | Pb | 0.011 |
| Hg | 0.111 | 苯并（a）芘 | -0.126 |
| Al | -0.513 * | PAHs 总量 | 0.004 |
| V | 0.188 | | |

说明：“* *”相关性显著差异 $p<0.005$；“*”相关性显著差异 $p<0.01$。

## 5.1.2 秦皇岛市陆源排海污水生物毒性历史数据分析

自 2009 年，国家海洋局对全国主要陆源入海污染源排海污水开展了生物毒性监测与评估。2009—2013 年的监测结果显示，河北省主要入海污染源污水生物毒性在全国处于中低水平（图 5.4），与全国其他省市相比，仅高于海南，低于其他 9 个省市。

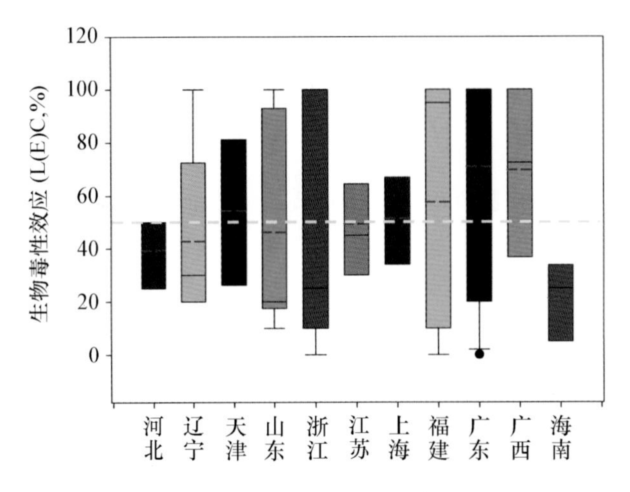


图 5.4 全国 11 省市陆源排海污水生物毒性比较

近 5 年来，随着秦皇岛市产业结构调整以及排污整治力度的加大，3 个重点入海污染源的污水毒性水平总体呈下降趋势（图 5.5），其中人造河下降最为明显；但大蒲河的变化趋势却相反，呈逐年上升趋势，具体原因有待深入探究。

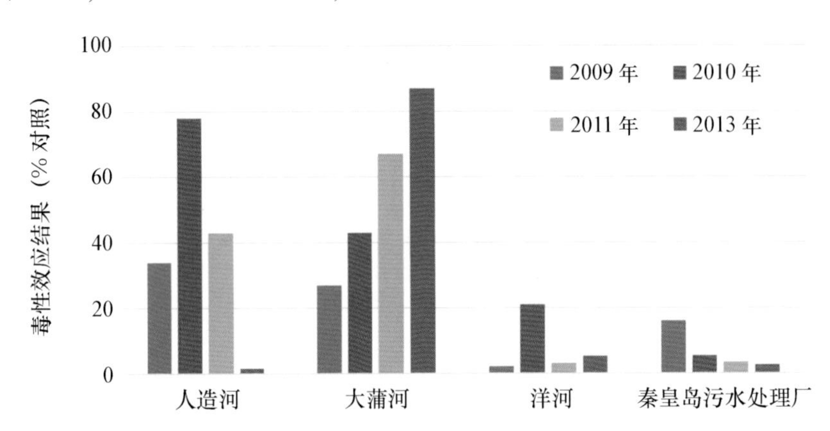


图 5.5 2009—2013 年秦皇岛主要入海污染源污水生物毒性变化

## 5.2 物种敏感性分析

测试物种的选择与确定是污水生物毒性控制技术的关键内容之一。文献调研显示，鱼类和发光细菌是当前各相关标准或指南中采用较为普遍、应用最多的物种[38-45]。因此，笔者除分析当前所采用的 4 种物种敏感性外，还将重点分析鱼类与发光细菌间的敏感差异，为测试物种的选取提供依据。

对秦皇岛市 15 个入海污染源污水生物毒性效应研究发现，海水青鳉幼鱼对污水最

为敏感，其次为发光细菌和藻类，甲壳类（卤虫）敏感性最低（图 5.6）。对全国 60 余个入海污染源污水的生物毒性分析也显示，海水青鳉幼鱼的敏感性也要强于发光细菌。针对毒性较强的污水，鱼类与发光细菌的响应具有一致性，但对发光细菌的毒性约为鱼类的 70%；对于低毒性污水（对鱼类的致死率小于 30%），发光细菌的响应多为诱导，而非抑制。从全国 60 余个入海污染源污水的测试结果发现，海水青鳉对污水的敏感性约强于发光细菌 1.6 倍。此外，美国某地排海污水样品对黑头呆鱼和发光细菌的慢性毒性测试结果分析发现，黑头呆鱼的敏感性也显著强于发光细菌，其敏感性程度约为发光细菌的 2 倍（图 5.7）。

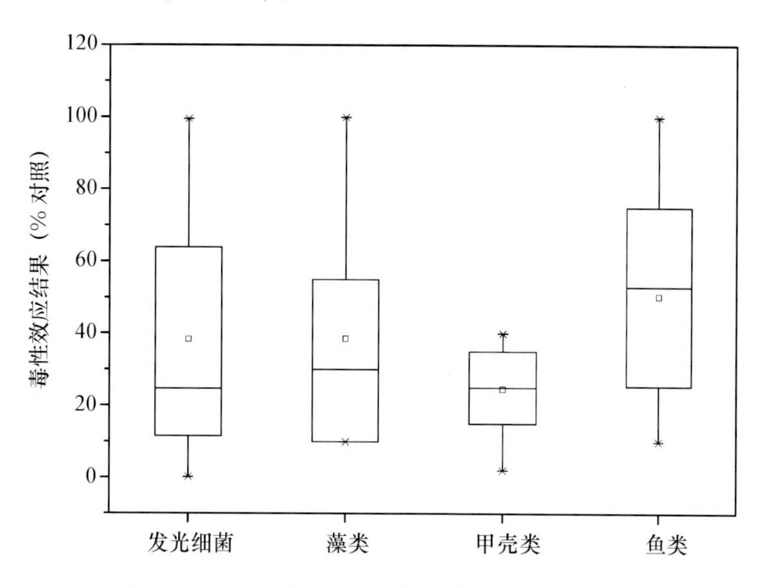


图 5.6　不同物种对排海污水的敏感性分析

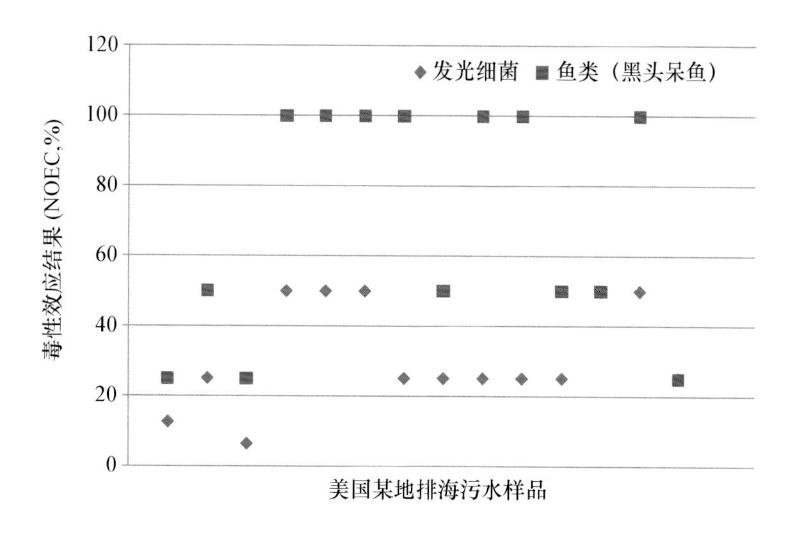


图 5.7　鱼类和发光细菌对美国某地污水样品的敏感性分析

由此可见，无论是海水青鳉幼鱼还是黑头呆鱼幼鱼对污水毒性的响应敏感性都强于发光细菌。因此，推荐鱼类幼鱼或早期生活阶段作为优先选取的测试物种开展排海污水的监测。但是，鉴于幼鱼的长期可获得性较差，经济鱼种或野生鱼种的发育具有季节性，模式鱼种的长期培养难以实现稳定供应，本研究同时建议在鱼类不能满足实验要求时，可选发光细菌作为替代测试物种，但二者在评价方法上应略有不同。

## 5.3 排海污水生物毒性限值的确定

在全面考量秦皇岛市排海污水的生物毒性现状的基础上，结合国内外相关生物毒性控制标准水平，确定秦皇岛市排海污水生物毒性控制限值要求如下。

（1）鱼类急性毒性以水样暴露下 96 h 未达半数致死效应作为排放标准限值，即排海污水原液对受试鱼种 96 h 的致死率小于 50%。

（2）在测试鱼种难以获得的情况下，可选取发光细菌作为替代测试材料，即排海污水样品原液在 15 min 内对发光细菌的抑制率低于 25%。

（3）上述急性毒性评价依据无日均值，任意一次检出毒性即为超标。

依据上述推荐的毒性标准，采用鱼类毒性测试方法，秦皇岛市 2013 年 5 月和 8 月的超标入海污染源分别占 26% 和 7%；依据发光细菌的测试方法，2013 年 5 月和 8 月的超标入海污染源均为 7%。可见，总体上两种受试生物和两种测试终点的评估结果一致性较好。

# 6　近岸海域排放区选划

本章根据秦皇岛市海洋功能区分布、海洋生态红线和近岸海域水交换能力，将秦皇岛近岸海域划分为禁止排放区、限制排放区和允许排放区，对不同区域的陆源污染物排海采取不同的控制措施。

## 6.1　海洋功能区划

根据《河北省海洋功能区划（2011—2020年）》，秦皇岛海域共包括22个海洋功能区，见图6.1和表6.1。

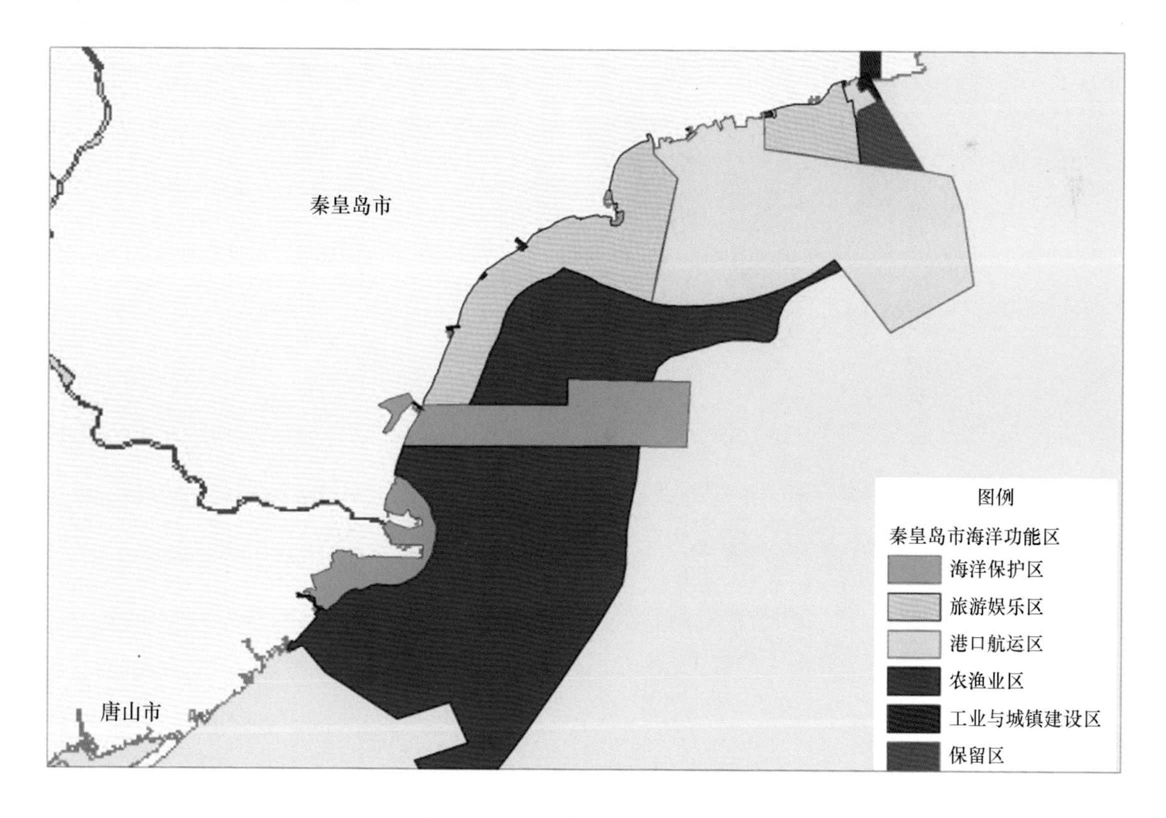


图6.1　秦皇岛市海洋功能区划

**表 6.1 秦皇岛海域海洋功能区信息**

| 代码 | 类型 | 名称 | 地区 | 地理范围 | 岸线长度（km） |
|---|---|---|---|---|---|
| 1-1 | 农渔业区 | 沟渠寨农渔业区 | 秦皇岛市山海关区 | 沙河口近岸海域 | 2.51 |
| 1-2 | 农渔业区 | 新开河农渔业区 | 秦皇岛市海港区 | 新开河口内 | 0.51 |
| 1-3 | 农渔业区 | 洋河口农渔业区 | 秦皇岛市抚宁县 | 洋河口 | 3.68 |
| 1-4 | 农渔业区 | 洋河口至新开口农渔业区 | 秦皇岛市海港区、北戴河区、抚宁 | 洋河口至新开口 2.5 n mile 以外海域 | |
| 1-5 | 农渔业区 | 人造河口农渔业区 | 秦皇岛市抚宁县 | 人造河口 | 1.46 |
| 1-6 | 农渔业区 | 大蒲河口农渔业区 | 秦皇岛市昌黎县 | 大蒲河口 | 1.76 |
| 1-7 | 农渔业区 | 新开口农渔业区 | 秦皇岛市昌黎县 | 新开口 | 2.96 |
| 1-8 | 农渔业区 | 滦河口农渔业区 | 秦皇岛市昌黎县、唐山市乐亭县 | 新开口至京唐港海域 | 9.27 |
| 2-1 | 港口航运区 | 山海关经济技术开发区 | 秦皇岛经济技术开发区 | 冀辽海域界至哈动力海域 | 2.82 |
| 2-2 | 港口航运区 | 沙河口港口航运区 | 秦皇岛市山海关区 | 沙河口东侧海域 | 0.44 |
| 2-3 | 港口航运区 | 秦皇岛港口航运区 | 秦皇岛市海港区、山海关区、经济 | 沙河口至汤河口海域 | 27.66 |
| 3-1 | 工业与城镇建设区 | 山海关工业与城镇建设区 | 秦皇岛经济技术开发区 | 冀辽海域界至山海关船厂东侧近岸海域 | 1.48 |
| 3-2 | 工业与城镇建设区 | 哈动力西工业与城镇建设区 | 秦皇岛经济技术开发区 | 哈动力西侧近岸海域 | 0.79 |
| 5-1 | 旅游娱乐区 | 山海关旅游娱乐区 | 秦皇岛市山海关区、开发区 | 哈动力出海口至沙河口 2.5 n mile 以内近岸海域 | 12.73 |
| 5-2 | 旅游娱乐区 | 秦皇岛东山旅游娱乐区 | 秦皇岛市海港区 | 新开河口至秦皇岛旅游码头西侧近岸海域 | 1.38 |
| 5-3 | 旅游娱乐区 | 北戴河旅游娱乐区 | 秦皇岛市北戴河区、抚宁县、昌黎 | 汤河口至新开河口 2.5 n mile 以内近岸海域 | 54.4 |
| 6-1 | 海洋保护区 | 赤土河口海洋保护区 | 秦皇岛市北戴河区 | 赤土河口周边近岸海域 | 2.63 |
| 6-2 | 海洋保护区 | 金沙嘴海洋保护区 | 秦皇岛市北戴河区 | 金沙嘴海岸及近岸海域 | 2.87 |
| 6-3 | 海洋保护区 | 七里海海洋保护区 | 秦皇岛市昌黎县 | 新开口内海域 | 15.87 |
| 6-4 | 海洋保护区 | 黄金海岸海洋保护区 | 秦皇岛市昌黎县 | 新开口外海域 | 5.68 |
| 6-5 | 海洋保护区 | 滦河口海洋保护区 | 秦皇岛市昌黎县、唐山市乐亭县 | 昌黎塔子口至乐亭浪窝口近岸海域 | 44.06 |
| 8-1 | 保留区 | 山海关保留区 | 秦皇岛经济技术开发区 | 山海关港区南部 | |

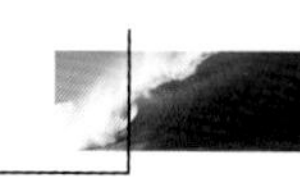

秦皇岛海域主要海洋功能区类型包括农渔业区、港口航运区、工业与城镇建设区、旅游休闲娱乐区、海洋保护区和保留区6大类，如图6.1所示，除冀辽海域界至哈动力沿岸和沙河口至汤河口沿岸区域为港口航运区和工业与城镇用海区外，其他海域基本为海洋保护区、旅游休闲娱乐区和农渔业区等敏感功能区类型。其中，海洋保护区岸线最长，为71.1 km，占岸线总长度（包括部分唐山市滦河口保护区和农渔业区岸线）的36.5%；其次为旅游休闲娱乐区岸线，长度为68.5 km，占岸线总长度的35.1%；港口航运区和农渔业区岸线长度分别为30.9 km和22.2 km，分别占岸线总长度的15.9%和11.4%；工业与城镇用海区岸线长度仅2.27 km，占比为1.2%；保留区无临海岸线。

## 6.2 海洋生态红线

根据《河北省海洋生态红线》（冀海发〔2014〕4号），秦皇岛沿岸在河北省海洋生态红线内的自然岸线总长度为78.316 km，主要目的是保持岸滩地貌和重要砂质岸线的自然状态，并对已开发利用的岸线进行整治修复。其中，重要砂质岸线占比最高，总长度为54.083 km，占生态红线区内保护岸线总长度的69%，划入生态红线区的主要目的是保持其自然状态；需要整治修复的自然岸线主要位于七里海，岸线总长度为15.888 km。邻近海岸的生态红线区主要位于海洋保护区、旅游休闲娱乐区和农渔业区内，其中黄金海岸海洋保护区和七里海海洋保护区为禁止开发区，其他类型的区域为限制开发区。秦皇岛海洋生态红线相关信息见图6.2和表6.2。

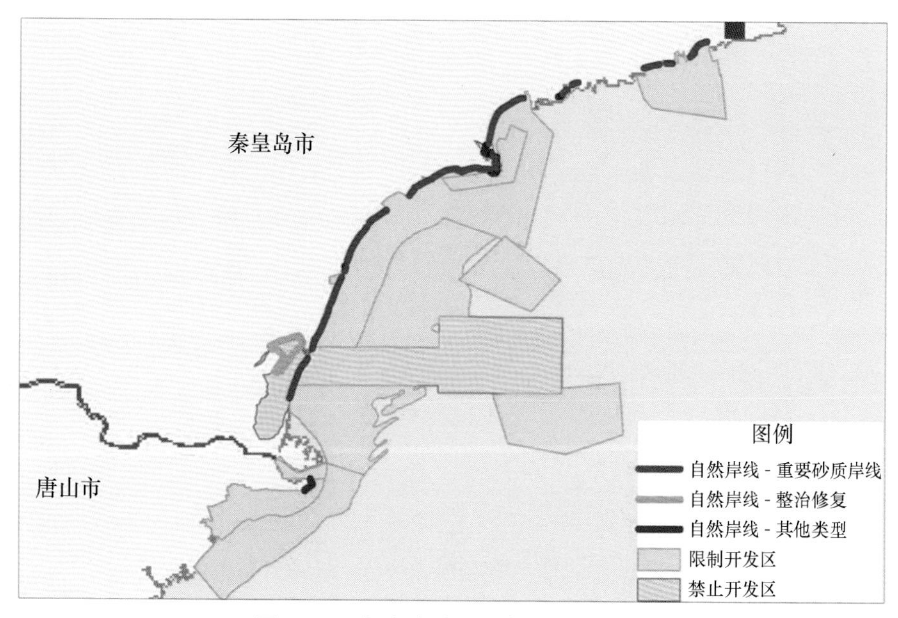


图6.2 秦皇岛市海洋生态红线区

表 6.2　秦皇岛海洋生态红线区登记表

| 序号 | 编号 | 类型 | 名称 | 行政隶属 | 面积（$hm^2$） | 岸线长（m） | 保护目标 |
|---|---|---|---|---|---|---|---|
| 1 | 1-1 | 自然岸线 | 哈动力至石河口岸段 | 秦皇岛山海关区 | — | 3 542 | 保护岸滩地貌 |
| 2 | 1-2 | 自然岸线 | 石河口至乐岛东岸段 | 秦皇岛山海关区 | — | 711 | 保护岸滩地貌 |
| 3 | 1-3 | 自然岸线 | 乐岛西至海监基地东岸段 | 秦皇岛山海关区 | — | 1 944 | 保护岸滩地貌 |
| 4 | 1-4 | 自然岸线 | 秦皇岛港东港区西至秦皇岛船厂岸段 | 秦皇岛海港区 | — | 544 | 保护岸滩地貌 |
| 5 | 1-5 | 自然岸线 | 新开河口至秦皇岛港老码头岸段 | 秦皇岛海港区 | — | 1 698 | 保护岸滩地貌 |
| 6 | 1-6 | 自然岸线 | 汤河口游船码头西至戴河口岸段 | 秦皇岛海港区、北戴河区 | — | 24 883 | 保护岸滩地貌 |
| 7 | 1-7 | 自然岸线 | 戴河口至洋河口岸段 | 秦皇岛抚宁县 | — | 3 540 | 保护岸滩地貌 |
| 8 | 1-8 | 自然岸线 | 碧海蓝天度假村至人造河口渔港东岸段 | 秦皇岛抚宁县 | — | 2 657 | 保护岸滩地貌 |
| 9 | 1-9 | 自然岸线 | 人造河口至东沙河口岸段 | 秦皇岛抚宁县、昌黎县 | — | 5 623 | 保护岸滩地貌 |
| 10 | 1-10 | 自然岸线 | 东沙河口至大蒲河口岸段 | 秦皇岛昌黎县 | — | 842 | 保护岸滩地貌 |
| 11 | 1-11 | 自然岸线 | 大蒲河口至新开口岸段 | 秦皇岛昌黎县 | — | 10 527 | 保护岸滩地貌 |
| 12 | 1-12 | 自然岸线 | 新开口至塔子口岸段 | 秦皇岛昌黎县 | — | 5 917 | 保护岸滩地貌 |
| 13 | 1-14 | 自然岸线 | 七里海岸段 | 秦皇岛昌黎县 | — | 15 888 | 保护岸滩地貌 |
| 14 | 2-1 | 海洋保护区 | 昌黎黄金海岸保护区 | 秦皇岛昌黎县 | 33 438.00 | — | 保护海岸自然景观及所在海区生态环境和资源，包括沙丘、沙堤、潟湖、林带、鸟类、海水、文昌鱼等海洋生物构成的海岸海洋生态系统 |
| 15 | 2-4 | 海洋保护区 | 北戴河湿地公园 | 秦皇岛北戴河区 | 306. 70 | — | 保护河口地貌、湿地、鸟类、海洋环境质量 |
| 16 | 3-1 | 重要河口生态系统 | 石河河口生态系统 | 秦皇岛山海关区 | 107. 78 | — | 保护河口地形地貌、生态环境 |
| 17 | 3-2 | 重要河口生态系统 | 滦河河口生态系统 | 秦皇岛昌黎县 | 158. 04 | — | 保护河口地形地貌、生态环境 |

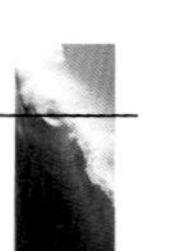

续表 6.2

| 序号 | 编号 | 类型 | 名称 | 行政隶属 | 面积（$hm^2$） | 岸线长（m） | 保护目标 |
|---|---|---|---|---|---|---|---|
| 18 | 5-1 | 重要渔业海域 | 秦皇岛海域种质资源保护区 | 秦皇岛北戴河区 | 3 125.00 | — | 保护海底地形地貌和褐牙鲆、红鳍东方鲀、刺参等种质资源，保护海洋环境质量 |
| 19 | 5-2 | 重要渔业海域 | 南戴河海域种质资源保护区 | 秦皇岛抚宁县 | 6 268.00 | — | 保护海底地形地貌和栉江珧、魁蚶、毛蚶、竹蛏等水产种质资源，保护海洋环境质量 |
| 20 | 5-3 | 重要渔业海域 | 昌黎海域种质资源保护区 | 秦皇岛昌黎县 | 11 568.00 | — | 保护海底地形地貌和三疣梭子蟹、花鲈、假睛东方鲀、文昌鱼等水产种质资源，保护海洋环境质量 |
| 21 | 6-1 | 自然景观与历史文化遗迹 | 老龙头 | 秦皇岛山海关区 | 27.12 | — | 保护老龙头、海神庙等历史文化遗迹和岬海岸自然景观 |
| 22 | 6-2 | 自然景观与历史文化遗迹 | 秦皇求仙入海处 | 秦皇岛海港区 | 25.11 | — | 保护秦皇求仙入海处等历史文化遗迹和砂质海岸自然景观 |
| 23 | 6-3 | 自然景观与历史文化遗迹 | 金山嘴海蚀地貌 | 秦皇岛北戴河区 | 17.81 | — | 保护基岩岸滩、海蚀地貌景观 |
| 24 | 7-1 | 重要滨海旅游区 | 山海关旅游区 | 秦皇岛山海关区 | 7 236.66 | — | 保护砂质岸滩、近岸海域生态环境以及地貌、植被、沙滩等海岛景观 |
| 25 | 7-2 | 重要滨海旅游区 | 东山旅游区 | 秦皇岛海港区 | 42.1 | — | 保护砂质岸滩、近岸海域生态环境 |
| 26 | 7-3 | 重要滨海旅游区 | 北戴河旅游区 | 秦皇岛海港区、北戴河区、抚宁县、昌黎县 | 25 326.89 | — | 保护基岩岸滩、砂质岸滩、近岸海域生态环境 |

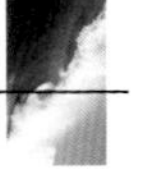




续表 6.2

| 序号 | 编号 | 类型 | 名称 | 行政隶属 | 面积（$hm^2$） | 岸线长（m） | 保护目标 |
|---|---|---|---|---|---|---|---|
| 27 | 8-1 | 重要砂质岸线 | 哈动力至铁门关岸段 | 秦皇岛山海关区 | — | 2 154 | 保护砂质岸线和岸滩地貌 |
| 28 | 8-2 | 重要砂质岸线 | 老龙头至石河口岸段 | 秦皇岛山海关区 | — | 844 | 保护砂质岸线和岸滩地貌 |
| 29 | 8-3 | 重要砂质岸线 | 石河口至乐岛东岸段 | 秦皇岛山海关区 | — | 711 | 保护砂质岸线和岸滩地貌 |
| 30 | 8-4 | 重要砂质岸线 | 乐岛西至海监基地东岸段 | 秦皇岛山海关区 | — | 1 944 | 保护砂质岸线和岸滩地貌 |
| 31 | 8-5 | 重要砂质岸线 | 秦皇岛港东港区西至秦皇岛船厂岸段 | 秦皇岛海港区 | — | 544 | 保护砂质岸线和岸滩地貌 |
| 32 | 8-6 | 重要砂质岸线 | 新开河口至东山旅游码头岸段 | 秦皇岛海港区 | — | 1 097 | 保护砂质岸线和岸滩地貌 |
| 33 | 8-7 | 重要砂质岸线 | 汤河口游船码头西至新河口岸段 | 秦皇岛海港区、北戴河区 | — | 8 366 | 保护砂质岸线和岸滩地貌 |
| 34 | 8-8 | 重要砂质岸线 | 鸽子窝至海上音乐厅岸段 | 秦皇岛北戴河区 | — | 715 | 保护砂质岸线和岸滩地貌 |
| 35 | 8-9 | 重要砂质岸线 | 北戴河旅游码头至小东山岸段 | 秦皇岛北戴河区 | — | 695 | 保护砂质岸线和岸滩地貌 |
| 36 | 8-10 | 重要砂质岸线 | 小东山至北戴河 36 号楼岸段 | 秦皇岛北戴河区 | — | 579 | 保护砂质岸线和岸滩地貌 |
| 37 | 8-11 | 重要砂质岸线 | 金山嘴至戴河口岸段 | 秦皇岛北戴河区 | — | 7 871 | 保护砂质岸线和岸滩地貌 |
| 38 | 8-12 | 重要砂质岸线 | 戴河口至洋河口岸段 | 秦皇岛抚宁县 | — | 3 540 | 保护砂质岸线和岸滩地貌 |
| 39 | 8-13 | 重要砂质岸线 | 碧海蓝天至人造河口渔港东岸段 | 秦皇岛抚宁县 | — | 2 657 | 保护砂质岸线和岸滩地貌 |
| 40 | 8-14 | 重要砂质岸线 | 人造河口至东沙河口岸段 | 秦皇岛抚宁县、昌黎县 | — | 5 623 | 保护砂质岸线和岸滩地貌 |
| 41 | 8-15 | 重要砂质岸线 | 大蒲河口至新开口岸段 | 秦皇岛昌黎县 | — | 10 527 | 保护砂质岸线和岸滩地貌 |
| 42 | 8-16 | 重要砂质岸线 | 新开口至塔子口岸段 | 秦皇岛昌黎县 | — | 6 216 | 保护砂质岸线和岸滩地貌 |
| 43 | 9-1 | 沙源保护海域 | 金山嘴至新开口海域 | 秦皇岛北戴河区、抚宁县、昌黎县 | 16 317.2 | — | 保护海底地形地貌、海洋动力条件、海水质量 |
| 44 | 9-2 | 沙源保护海域 | 新开口至滦河口海域 | 秦皇岛昌黎县 | 10 992.87 | — | 保护海底地形地貌、海洋动力条件、海水质量 |

综上所述，秦皇岛近岸海域的海洋保护区、旅游休闲娱乐区和农渔业区等敏感海洋功能区及其沿岸岸线是秦皇岛市海洋生态环境保护的主要对象，因此，沿岸陆源污染物排放区的选划必须重点考虑区域海洋功能区环境质量达标和海洋生态红线保护的基本要求。

## 6.3 秦皇岛近岸水交换能力评估及水动力分区

污染物进入水体后，因水体自身的物理、化学、生物的各种特性，使污染物浓度降低，从而使该水域的水质得到部分甚至完全恢复的能力称为水体的自净能力。通常认为，物理自净是海洋自净中最重要的途径，尤其是对溶解的或悬浮的保守性物质。研究海洋水交换能力是研究海洋的物理自净能力的基础，也是评价和预测海洋环境质量的重要指标和手段。

### 6.3.1 水交换能力评估

本节以 2013 年 5 月和 9 月大小潮潮流实测资料为基础，利用 MIKE21 Flow Model FM 子模块（简称：HD FM）对秦皇岛海域二维潮流模型进行模拟和验证，并结合污染源实测资料，利用 MIKE 数值软件中 Hydrodynamic 和 Transport 模块，评估秦皇岛近岸海域水体交换能力。

#### 6.3.1.1 潮流特征

秦皇岛近岸海域潮流总体特征为顺岸往复流，落潮流为西南向东北方向，涨潮流为东北向西南方向。涨急落急时刻，近岸海域潮流流速较外海小。在时空分布上，秦皇岛近岸海域落憩涨憩时刻，滦河口海域潮流仍有较大流速，说明这两个海域的转流时间不同时。

#### 6.3.1.2 水交换能力

通过对秦皇岛近岸海域 2013 年 6 月 1 日—9 月 1 日丰水季水交换能力的模拟计算发现：

（1）在丰水季 3 个月的潮流作用下，秦皇岛大部分海域已开始进行海水交换，但北戴河三大海滩浴场海域海水交换率小于 4%，说明仅在潮流的作用下，该海域海水交换周期大，污染物不易向外海扩散。

（2）在丰水季3个月的潮流和风综合作用下，秦皇岛近岸海域均完成水体半交换。

（3）比较潮流单独作用和潮流与风综合作用下秦皇岛近岸海域水体交换能力可以发现，由于秦皇岛近岸海域位于无潮点附近，潮差小，潮流弱，因此风对该海域水体交换能力的作用不容忽视，丰水季的偏南风加大了研究区域水体交换能力，主要交换方向从西南向东北。

（4）通过丰水季各入海污染源对邻近海域响应系数场模拟计算可得，各污染源仅对污染源入海口两侧沿岸海域有一定响应关系，对外海影响较小，戴河口排污对西海滩和中海滩浴场有一定影响。

综上所述，受秦皇岛近岸海域的近岸往复流影响，秦皇岛陆源入海污染源排出的污染物仅在近岸海域做沿岸往复扩散，向外海域扩散较少。

## 6.3.2 水动力分区

### 6.3.2.1 水动力分区方法

1）方法原理

采用质点追踪方法评估秦皇岛近岸海域污染物的输移特征。步骤如下：在秦皇岛海域设定界限，运用质点跟踪方法标示出秦皇岛海域内的水质点，统计通过秦皇岛海域边界流出海域的质点数，以计算水体对污染物的输移能力。该方法利用如下方程计算质点追踪轨迹：

$$\frac{\mathrm{d}x_i}{\mathrm{d}t} = v_a(x_i,\ t) + v_d(x_i,\ t) \tag{6.1}$$

其中，$x_i$ 为质点坐标；$v_a$ 为坐标 $i$ 处水质点的平流速度，由ROMS（Regional Oceanic Modeling System）三维水动力模型计算获得；$v_d$ 为随机速度。

ROMS（Regional Oceanic Modeling System）三维水动力模型采用基于静力近似和Boussinesq假定的雷诺平均Navier-Stokes方程描述海洋动力和热力系统，具体方程如下：

$$\frac{\partial u}{\partial t} + \vec{V}\cdot\nabla u - fv = -\frac{\partial \varphi}{\partial x} - \frac{\partial}{\partial z}\left(\overline{u'w'} - \nu\frac{\partial u}{\partial z}\right) + F_u + D_u \tag{6.2}$$

$$\frac{\partial v}{\partial t} + \vec{V}\cdot\nabla v + fu = -\frac{\partial \varphi}{\partial y} - \frac{\partial}{\partial z}\left(\overline{v'w'} - \nu\frac{\partial v}{\partial z}\right) + F_v + D_v \tag{6.3}$$

$$\frac{\partial\rho}{\partial t}+\vec{V}\cdot\nabla\rho=-\frac{\partial}{\partial z}\left(\overline{\rho'w'}-\nu_\theta\frac{\partial\rho}{\partial z}\right)+F_\rho+D_\rho \tag{6.4}$$

$$\frac{\partial T}{\partial t}+\vec{V}\cdot\nabla T=-\frac{\partial}{\partial z}\left(\overline{T'w'}-\nu_\theta\frac{\partial T}{\partial z}\right)+F_T+D_T \tag{6.5}$$

$$\rho=\rho(T,\ S,\ P) \tag{6.6}$$

$$\frac{\partial\varphi}{\partial z}=-\frac{\rho g}{\rho_0} \tag{6.7}$$

$$\frac{\partial u}{\partial x}+\frac{\partial v}{\partial y}+\frac{\partial w}{\partial z}=0 \tag{6.8}$$

式中，$D_u$ 、$D_v$ 、$D_\rho$ 、$D_T$ 为耗散项；$F_u$ 、$F_v$ 、$D_\rho$ 、$D_T$ 为强迫项；$f$ 为科氏参数；$\nu$ 为分子黏性系数；$\nu_\theta$ 为分子扩散系数；$g$ 为重力加速度；$S$ 为盐度；$T$ 为位温；$P$ 为压强；$x$ 、$y$ 、$z$ 分别为笛卡尔坐标系中东、北和垂直方向坐标；$\vec{V}$ 为流速矢量；$u$ 、$v$ 、$w$ 为流速分量；$\rho_0$ 为海水参考密度；$\rho$ 为密度扰动项；$\varphi$ 为动压。

三维水动力模型的计算范围为整个渤海与部分北黄海，岸线和水深数据来自渤海海图，并利用遥感数据对模型岸线进行了修正，网格分布与地形见图 6.3，除东边界为开边界外，其他均为闭边界。模型垂向为 S 坐标系统，均匀分为 10 层。

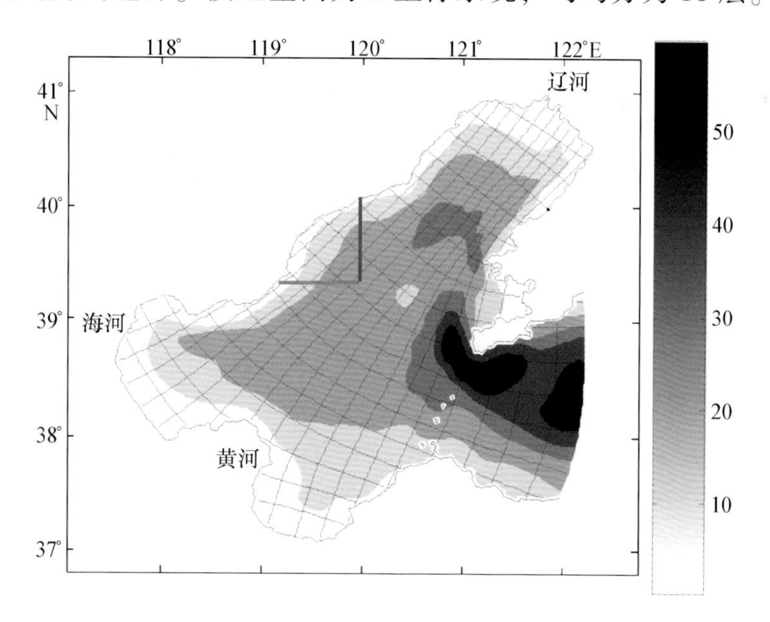


图 6.3 模型计算网格与地形（蓝线为秦皇岛海域边界）

计算区域的初始条件涉及水位、流速、温度和盐度的初始值，由于水位和流速对外界动力响应较快，初值均取为零；温度初值和盐度初值按照《渤海、黄海、东海海洋图集》的温盐分布插值得到。渤海海峡设置为开边界，并以水位变化作为模式的驱动，开边界不考虑入流及温度、盐度。在本模式中取 8 个分潮来计算水位，包括 $M_2$、$S_2$、$K_1$、$O_1$、$K_2$、$N_2$、$P_1$ 和 $Q_1$。其中 $M_2$、$S_2$、$K_1$、$O_1$ 分潮的调和常数来自《渤海、黄海、东海海洋图集》，$K_2$、$N_2$、$P_1$ 和 $Q_1$ 分潮的调和常数由东中国海模型的潮汐计算结果线性插值得到。模型中采用的海气热通量及风应力驱动数据由 NCEP 再分析资料根据块体公式计算得到。垂向采用 GLS 紊流封闭方程。

图 6.4 为 ROMS 模拟得到的 $M_2$、$S_2$、$K_1$、$O_1$ 分潮的等振幅线和同潮时线，模拟结果与《渤海、黄海、东海海洋图集》较为相似。$M_2$ 分潮振幅在渤海最大可达 1.2 m，其他分潮振幅均在 0.5 m 以下，与实际情况符合较好。

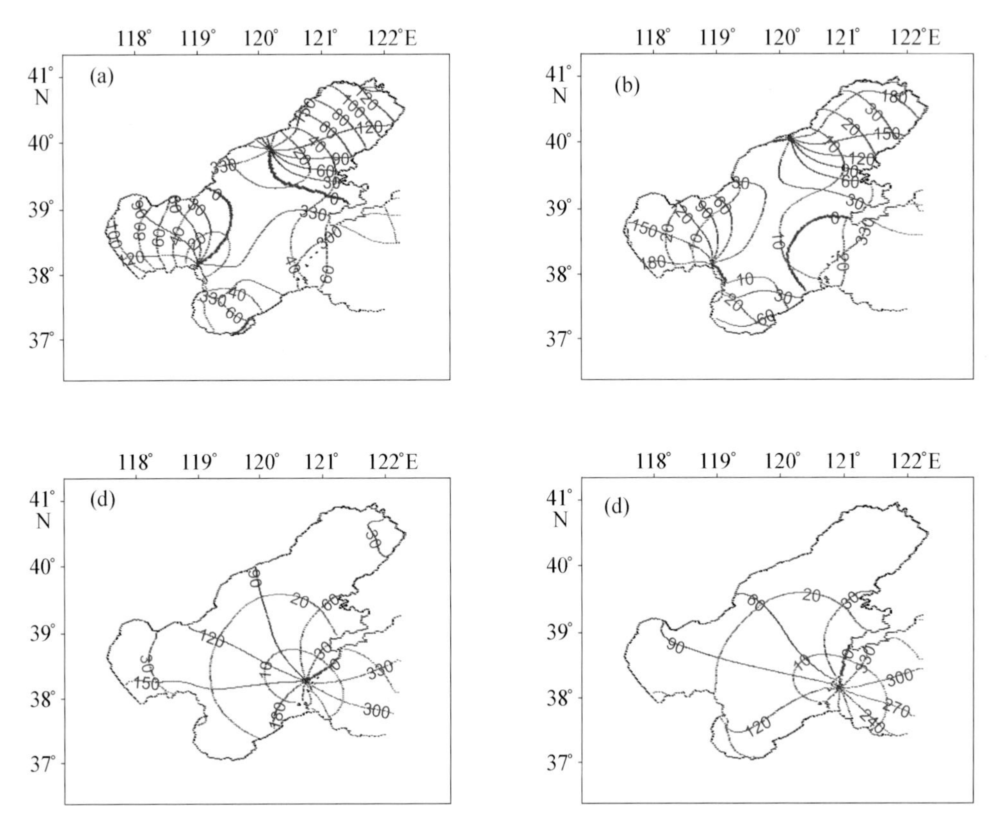


图 6.4 渤海 $M_2$ (a)、$S_2$ (b)、$K_1$ (c)、$O_1$ (d) 分潮等振幅线（红线；单位：cm）和同潮时线（蓝线；单位：°）[46]

### 6.3.2.2 秦皇岛海域水动力分区

考虑到秦皇岛海域夏季丰水期入海排污量较大，陆源排污对海域造成的污染较为严重，因此本研究主要探讨秦皇岛海域夏季水交换情况。

以秦皇岛近岸海洋功能区划划分的海洋功能区为界限，采用质点追踪法在秦皇岛

临近海域均匀释放粒子，探讨入海污染物在不同功能区的输移特征。秦皇岛海域被划分为22个功能区（见图6.5），其中9个功能区的海域面积较大，其余13个功能区海域面积较小，质点追踪法不适用于其水交换的研究。

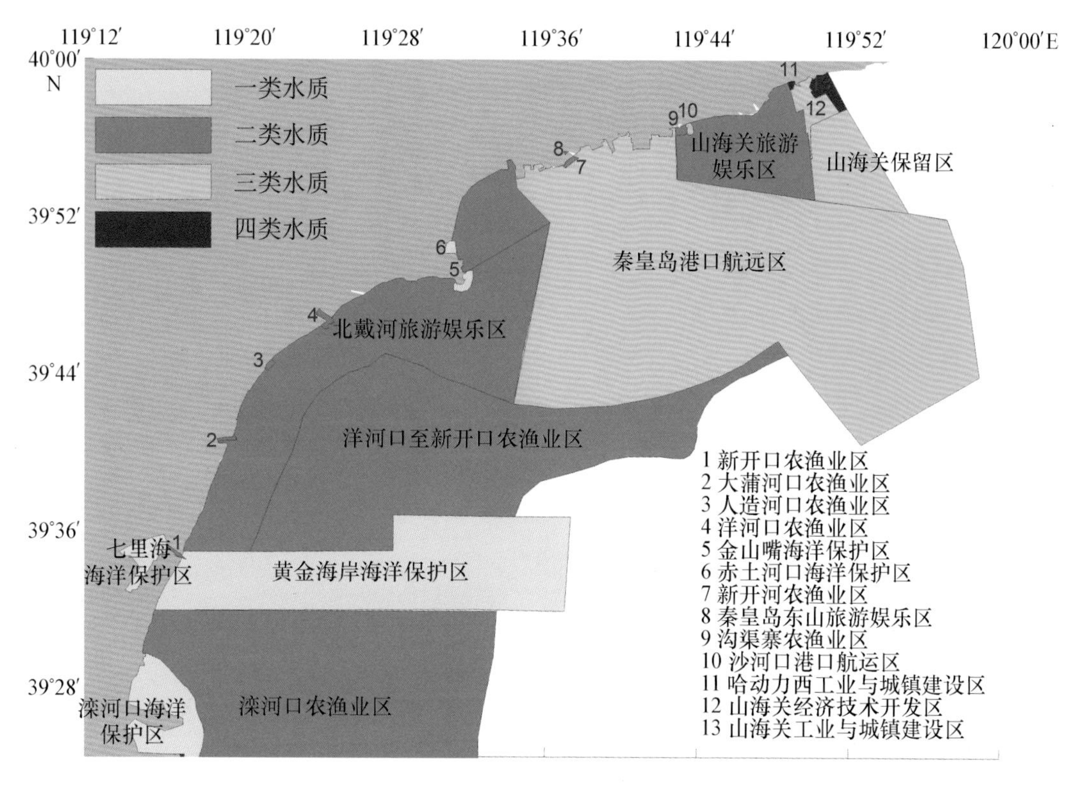


图6.5 秦皇岛海域主要功能区

9个面积较大的功能区由北向南依次包括山海关保留区、山海关旅游娱乐区、秦皇岛港口航运区、北戴河旅游娱乐区、洋河口至新开口农渔业区、黄金海岸海洋保护区、七里海海洋保护区、滦河口海洋保护区、滦河口农渔业区。其中七里海海洋保护区水质要求较高且与外海交流不畅，因此质点追踪方法主要对8个功能区的入海污染物输移状况进行探讨。

初始粒子释放时间为8月1日，模型运行30 d时粒子分布情况见图6.6。在潮汐和风的共同作用下，模型运行30 d时粒子向秦皇岛海域外部输运，同时在海域北部聚集。

选取距离入海河流和排污口最近的质点进行追踪，以判断污染物入海后的迁移路径和运动能力。图6.7和图6.8为污染物入海后30 d的运动轨迹。由秦皇岛东北部海域入海的污染物迅速向南部迁移，运动能力强，不足30 d已离开秦皇岛海域。污染物

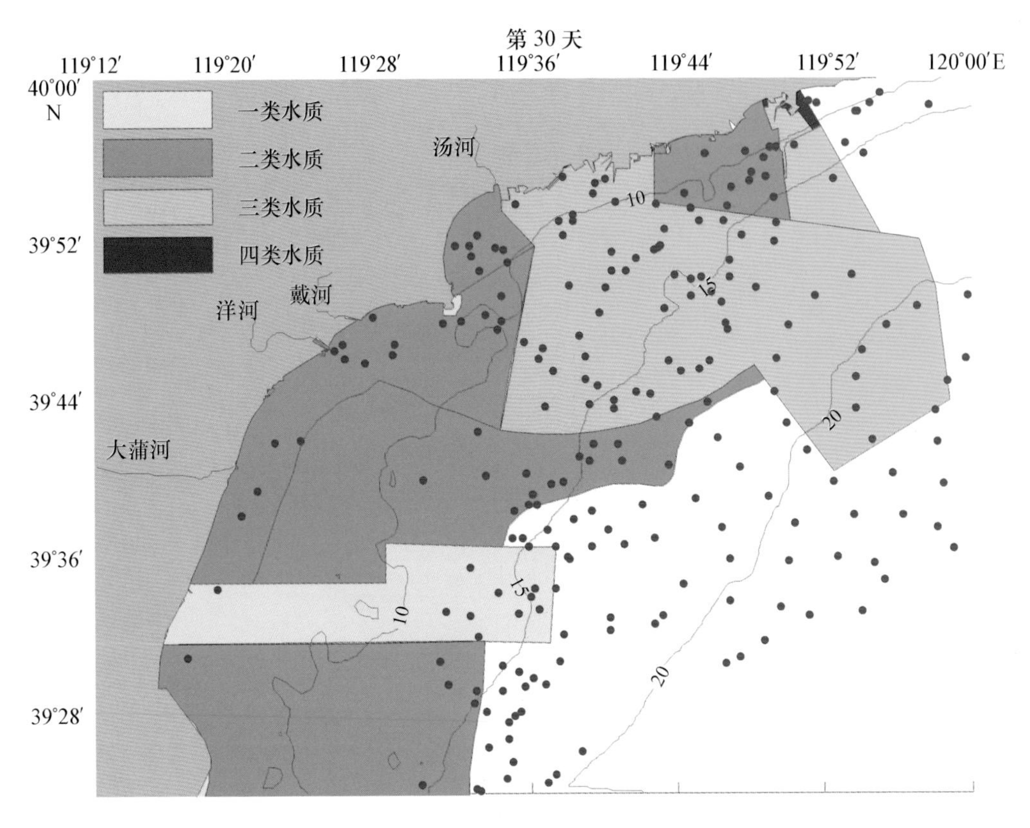


图 6.6 秦皇岛海域夏季质点追踪模型粒子分布

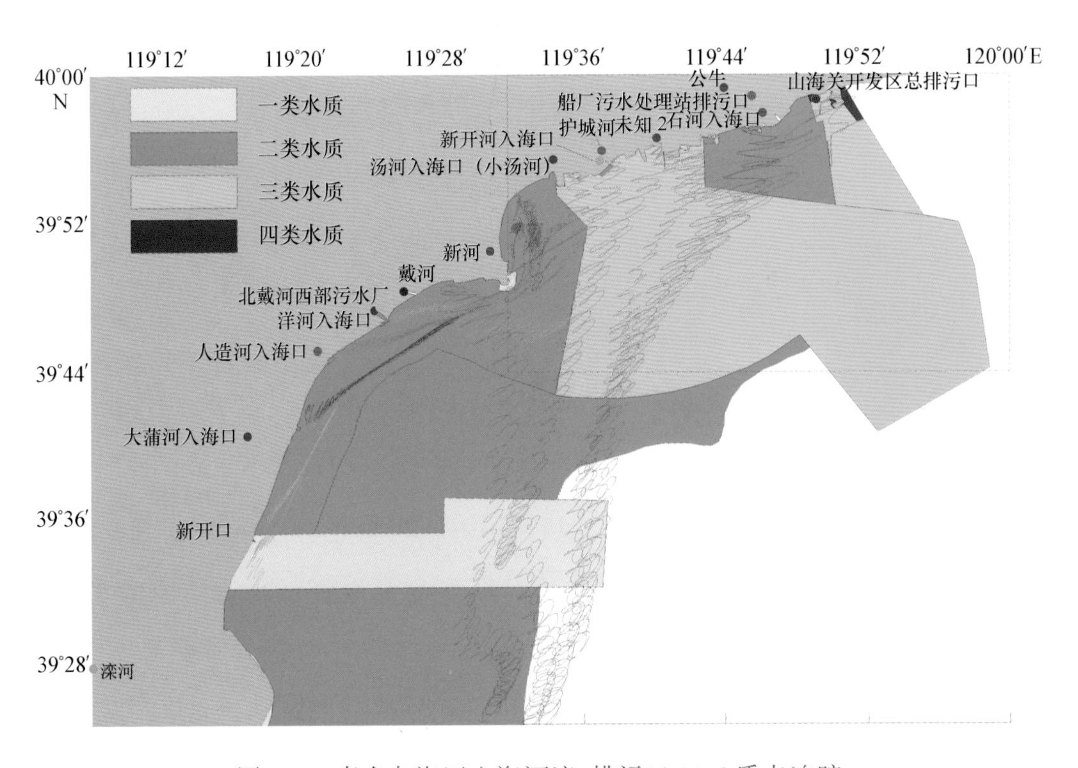


图 6.7 秦皇岛海区入海河流/排污口 30 d 质点追踪

由秦皇岛西南海域入海后主要沿岸线向东北方向运动，运动能力相对较弱，易引起其他功能区的污染。

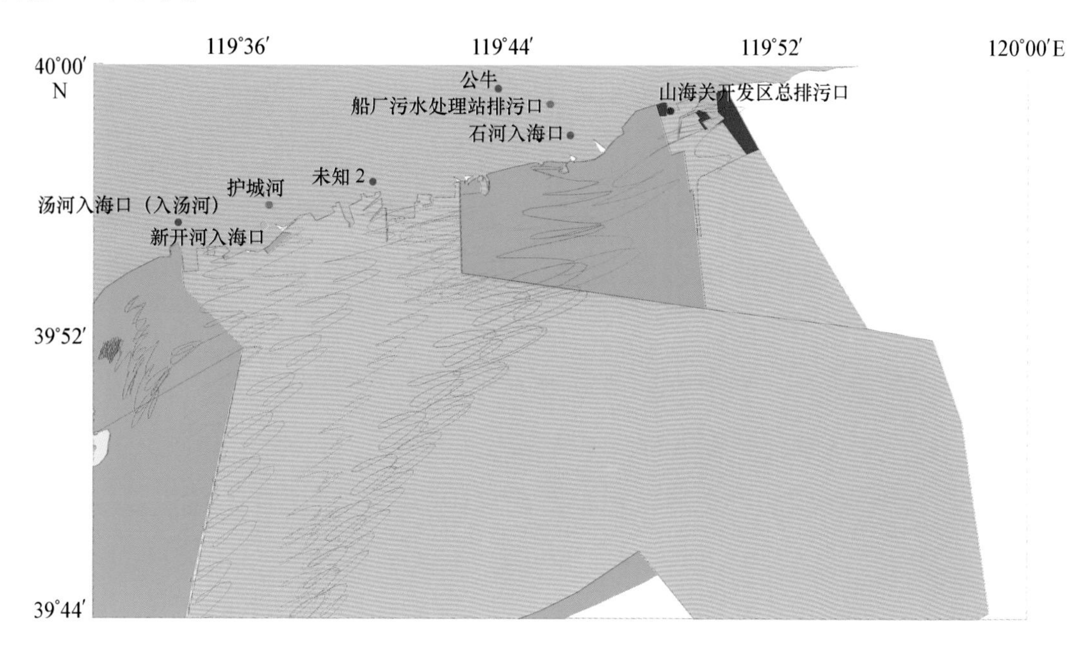


图 6.8　秦皇岛海区东北部入海河流/排污口 30 d 质点追踪

为评估初始各功能区的水交换情况，定义粒子存留系数为模型运行一段时间后位于该功能区的粒子数与初始位于该功能区的粒子数之比。粒子存留系数大于 1 说明污染物易在本区域聚集，小于 1 则说明污染物不易在本区域聚集。若以功能区为评价单元，则该系数表征了一定时间内各功能区的污染物向外输运或向内聚集的情况。

秦皇岛海域 8 个主要功能区对应的 30 d 粒子存留系数见表 6.3。

**表 6.3　秦皇岛海域重点功能区粒子存留系数**

| 功能区名称 | 水质要求 | 粒子存留系数 |
| --- | --- | --- |
| 山海关保留区 | 三类水质 | 0.4 |
| 山海关旅游娱乐区 | 二类水质 | 2.4 |
| 秦皇岛港口航运区 | 三类水质 | 1.44 |
| 北戴河旅游娱乐区 | 二类水质 | 1.19 |
| 洋河口至新开口农渔业区 | 二类水质 | 0.65 |
| 黄金海岸海洋保护区 | 一类水质 | 0.91 |
| 滦河口农渔业区 | 二类水质 | 0.29 |
| 滦河口海洋保护区 | 一类水质 | 0.33 |

（1）山海关旅游区粒子存留系数最高，为2.4，说明该功能区极易出现污染物的聚集。

（2）山海关保留区粒子存留系数为0.4，说明初始纳入本功能区的污染物可较快扩散至其外部，水交换能力强。

（3）秦皇岛港口航运区粒子存留系数为1.44，这主要是由于该功能区面积较大，入海的污染物主要向西南方向输移，因此总体上该区域的污染物输移能力较强。

（4）北戴河旅游娱乐区粒子存留系数为1.19，说明初始位于该功能区的污染物不能及时扩散，且其他区域污染物可影响本区域海水环境。

（5）洋河口至新开口农渔业区粒子存留系数为0.65，说明初始位于该区域的污染物扩散能力一般。

（6）黄金海岸海洋保护区粒子存留系数为0.91，说明本区域内的污染仅有少量可扩散出去。

（7）滦河口农渔业区粒子存留系数在整个秦皇岛海域内最低，仅为0.29，说明该海域水交换能力最强，初始位于该区域的污染物可迅速扩散。

（8）滦河口海洋保护区粒子存留系数为0.33，水交换能力强。

## 6.4 秦皇岛海域排放区的划分

### 6.4.1 排放区类型划分

在综合考虑海洋功能区、海洋生态红线区、水动力分区等因素的基础上，将研究海域划分为允许排放区、限制排放区和禁止排放区。各排放区的定义、特点和排放要求如下。

1）允许排放区

即受纳陆源排污的主要区域。其特点是：水交换能力较强；所在功能区环境要求相对较低；敏感海洋功能区距离远或不受陆源排污影响；仍有较大环境容量。在此区域内以浓度控制和总量控制为主。

2）限制排放区

即纳污能力受到其自然属性或管理要求限制的区域。其特点是：环境质量已受到一定损害，但仍有一定环境容量；需要规划排放方式、排放量。在此区域内，在浓度控制的基础上，生物毒性控制要求较高，允许排污总量由海洋行政主管部门核定。

3）禁止排放区

即环境严重污染或生态退化、或其他需严格保护的区域。其特点是：禁止任何形式的陆源污染物人为排海，区域内排污口实施关停并转，是近岸海域生态功能维护的重点保护区，或是近岸海域环境保障的重点区域。

## 6.4.2 排放区划分

以秦皇岛海域的22个海洋功能区（表6.1）为分区基础，根据海洋功能区水质要求、海洋生态红线区划分以及水动力分区，并综合其地理位置、邻近功能区水质要求等信息确定排放区类型，各排放区分布见图6.9，各排放区相关信息见表6.4。

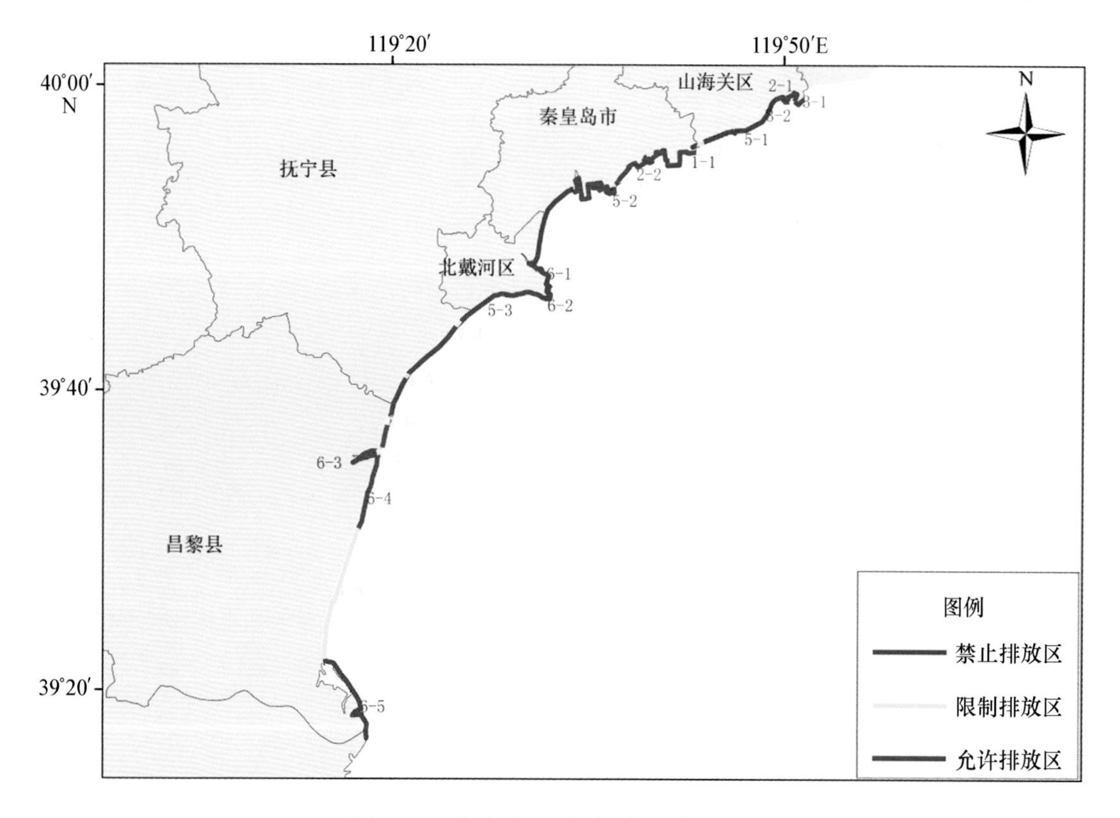


图6.9 秦皇岛近岸海域排放区分布

表 6.4　秦皇岛近岸海域排放区信息

| 排放区类型 | 海洋功能区编号和名称 | 划分依据 | | 地理坐标 | | 岸线长度（km） |
|---|---|---|---|---|---|---|
| | | 河北省生态红线区 | 水交换能力及水质要求 | 经度 | 纬度 | |
| 禁止排放区 | 1-1 沟渠寨农渔业区 | 近 7-1 山海关旅游区 | 水交换能力弱，水质要求为二类 | 39°56′12.93″~39°56′46.7″N | 119°42′35.65″~119°43′26.02″E | 2.51 |
| | 5-1 山海关旅游休闲娱乐区 | 7-1 山海关旅游区 | 水交换能力弱，水质要求为二类 | 39°52′51.48″~39°58′53.51″N | 119°42′57.5″~119°50′16.36″E | 12.73 |
| | 5-2 秦皇岛东山旅游休闲娱乐区 | 7-2 东山旅游区 | 旅游区，水质要求为二类 | 39°54′26.27″~39°55′6.57″N, | 119°36′54.55″~119°37′44.09″E | 1.38 |
| | 5-3 北戴河旅游休闲娱乐区 | 7-3 北戴河旅游区 | 水交换能力较弱，旅游区，水质要求为二类 | 39°34′48.52″~39°54′56.24″N | 119°17′1.22″~119°36′20.94″E | 54.4 |
| | 6-1 赤土河口海洋保护区 | 2-4 北戴河湿地公园 | 保护区，水质要求为一类 | 39°50′4.94″~39°50′48.21″N | 119°30′44.25″~119°31′23.88″E | 2.63 |
| | 6-2 金山嘴海洋保护区 | 6-3 自然景观与历史文化遗迹；7-3 北戴河旅游区；5-1 秦皇岛海域种质资源保护区 | 保护区，水质要求为一类 | 39°48′16.57″~39°49′20.82″N | 119°31′17.16″~119°32′17.24″E | 2.87 |
| | 6-3 七里海海洋保护区 | 2-1 昌黎黄金海岸保护区 | 保护区，水质要求为一类 | 39°32′56.71″~39°35′52.26″N | 119°13′44.35″~119°16′24.97″E | 15.87 |
| | 6-4 黄金海岸海洋保护区 | 2-1 昌黎黄金海岸保护区 | 保护区，水质要求为一类 | 39°31′58.71″~39°36′53.44″N | 119°15′42.08″~119°34′12.19″E | 5.68 |
| | 6-5 滦河口海洋保护区 | 4-1 滦河河口沼泽湿地；3-2 滦河河口生态系统； | 保护区，水质要求为一类 | 39°19′54.81″~39°29′50.48″N | 119°8′15.56″~119°18′24.29″E | 44.06 |

**续表 6.4**

| 排放区类型 | 海洋功能区编号和名称 | 划分依据 | | 地理坐标 | | 岸线长度（km） |
|---|---|---|---|---|---|---|
| | | 河北省生态红线区 | 水交换能力及水质要求 | 经度 | 纬度 | |
| 限制排放区 | 1-2 新开河农渔业区 | —— | 农渔业区，水质要求为二类 | 39°55′14.53″~39°55′22.61″N | 119°36′59.05″~119°37′11.86″E | 0.51 |
| | 1-3 洋河口农渔业区 | 7-3 北戴河旅游区 | 农渔业区，水质要求为二类 | 39°46′18.01″~39°47′16.03″N | 119°24′8.3″~119°25′4.06″E | 3.68 |
| | 1-5 人造河口农渔业区 | 7-3 北戴河旅游区 | 农渔业区，水质要求为二类 | 39°44′12.38″~39°44′44.21″N | 119°21′21.09″~119°21′57.23″E | 1.46 |
| | 1-6 大蒲河口农渔业区 | 7-3 北戴河旅游区 | 农渔业区，水质要求为二类 | 39°40′33.15″~39°40′52.65″N | 119°18′54.18″~119°19′57.19″E | 1.76 |
| | 1-7 新开口农渔业区 | 2-1 昌黎黄金海岸保护区；7-3 北戴河旅游区 | 农渔业区，水质要求为二类 | 39°34′34.04″~39°35′16.2″N | 119°16′21.68″~119°17′19.07″E | 2.96 |
| | 1-8 滦河口农渔业区 | 9-2 新开口至滦河口海域（沙源保护海域） | 农渔业区，水质要求为二类 | 39°3′41.01″~39°32′1.73″N | 119°7′4.44″~119°33′14.85″E | 9.27 |
| | 2-2 沙河口港口航运区 | 7-1 山海关旅游区 | 纳污能力小，周边为养殖区和旅游区 | 39°56′10.42″~39°56′47.62″N | 119°43′19.38″~119°43′42.02″E | 0.44 |
| 允许排放区 | 2-1 山海关港口航运区 | 不在红线范围 | 港口航运区，水质要求为三类 | 39°54′58.91″~39°59′12.55″N | 119°48′49.6″~119°51′37.34″E | 2.82 |
| | 2-3 秦皇岛港口航运区 | 不在红线范围 | 港口航运区，水质要求为三类 | 39°42′35.74″~39°56′43.43″N | 119°34′9.04″~119°57′7.52″E | 27.66 |
| | 3-1 山海关工业与城镇用海区 | 不在红线范围 | 工业与城建区，水质要求为四类 | 39°57′23.17″~39°59′26.11″N | 119°49′53.22″~119°51′57.6″E | 1.48 |
| | 3-2 哈动力西工业与城镇用海区 | 不在红线范围 | 工业与城建区，水质要求为四类 | 39°58′30.9″~39°58′56.4″N | 119°48′42.98″~119°49′2.27″E | 0.79 |

注：1-4 洋河口至新开口农渔业区；8-1 山海关保留区无陆地岸线，因此不在陆源污染物排海控制要求中。

禁止排放区：秦皇岛海域 9 个功能区需禁止排污，分别是沟渠寨农渔业区、山海关旅游娱乐区、秦皇岛东山旅游休闲娱乐区、北戴河旅游休闲娱乐区、赤土河口海洋保护区、金山嘴海洋保护区、七里海海洋保护区、黄金海岸海洋保护区、滦河口海洋保护区。

限制排放区：秦皇岛海域 7 个功能区需限制排污，分别是新开河农渔业区、洋河口农渔业区、人造河口农渔业区、大蒲河口农渔业区、新开口农渔业区、滦河口农渔业区、沙河口港口航运区。

允许排放区：秦皇岛海域 4 个功能区允许排污，分别是山海关港口航运区、秦皇岛港口航运区、山海关工业与城镇用海区、哈动力西工业与城镇用海区。

此外，秦皇岛海域的洋河口至新开口农渔业区和山海关保留区由于无陆地岸线，因此不在排放区选划范围内。

# 7 秦皇岛市陆源污染物排海控制要求

## 7.1 排放区控制要求

秦皇岛近岸海域划分为允许排放区、限制排放区和禁止排放区，各排放区执行不同陆源污染物排海控制要求。

### 7.1.1 允许排放区

允许排放区内陆源入海排污口排放的污水应满足污染物排放浓度限值二级标准；污染物排放总量应满足国家和地方的污染物排放总量控制要求；允许排放区内的入海河流污染物排海执行所在河口水域水环境功能要求的地表水环境质量标准。

### 7.1.2 限制排放区

限制排放区内不准新建陆源入海排污口；已有陆源入海排污口排放的污水应满足污染物排放浓度限值一级和急性毒性控制要求；污染物排放总量应满足国家和地方的污染物排放总量控制要求；限制排放区内的河流入海断面水质应满足急性毒性控制要求，污染物排海执行所在河口水域水环境功能要求的地表水环境质量标准，并不得低于 IV 类地表水环境质量标准。

### 7.1.3 禁止排放区

禁止排放区内不准新建陆源入海排污口，已有的陆源入海排污口需采取措施，停止向该海域排放污水；禁止排放区内的河流入海断面水质应满足急性毒性控制要求，污染物排海执行所在河口水域水环境功能要求的地表水环境质量标准，并不得低于 III 类地表水环境质量标准。

## 7.2 污染物排放浓度限值

陆源入海排污口排海污染物浓度控制要求按表 7.1 执行，排入限制排放区的污水执行一级标准，排入允许排放区的污水执行二级标准。

表 7.1 陆源入海排污口污染物排放浓度限值 单位：mg/L

| 序号 | 污染物 | 一级 | 二级 |
| --- | --- | --- | --- |
| 1 | 总汞 | 0.005 | |
| 2 | 总镉 | 0.01 | |
| 3 | 总铬 | 0.2 | |
| 4 | 六价铬 | 0.1 | |
| 5 | 总砷 | 0.1 | |
| 6 | 总铅 | 0.1 | |
| 7 | 苯并（a）芘 | 0.00003 | |
| 8 | pH | 6~9 | |
| 9 | 色度（稀释倍数） | 30 | 50 |
| 10 | 嗅味 | 不得有异臭、异味 | 不应有明显的异臭、异味 |
| 11 | COD | 60 | 100 |
| 12 | $BOD_5$ | 20 | 30 |
| 13 | TOC | 20 | 30 |
| 14 | DO | ≥6 | ≥5 |
| 15 | TN | 15 | 25 |
| 16 | TP | 0.5 | 2 |
| 17 | 氨氮 | 8 | 15 |
| 18 | 无机氮 | 10 | 20 |
| 19 | 磷酸盐 | 0.5 | 1 |
| 20 | 铜 | 0.1 | 0.5 |
| 21 | 锌 | 0.5 | 1 |
| 22 | PAHs | 0.001 | 0.005 |
| 23 | 石油类 | 1 | 5 |
| 24 | 悬浮物 | 60 | 100 |
| 25 | 粪大肠菌群（个/L） | 10 000 | 20 000 |
| 26 | 肠球菌（个/L） | 2 000 | 5 000 |

## 7.3　急性毒性控制要求

陆源入海排污口污水及入海河流河水的急性毒性控制要求见表 7.2。优先选取鱼类急性毒性作为控制指标，在鱼类无法满足测试要求或无法获得的情况下，也可选取发光细菌作为替代指标。

**表 7.2　急性毒性控制要求**

| 控制指标 | | 推荐受试物种 | 控制要求 |
|---|---|---|---|
| 急性毒性 | 鱼类急性毒性（96 h 致死率） | 海水青鳉* | 样品原液对受试鱼种 96 h 的致死率小于 50% |
| | 发光细菌（15 min 发光抑制率） | 发光细菌 | 样品原液 15 min 内对发光细菌的发光抑制率低于 25% |

*注：本控制要求推荐受试鱼种为海水青鳉，受试阶段应为仔鱼或幼鱼期；若使用其他鱼种须在报告中说明鱼种选择理由和试验方法，且受试阶段也应为仔鱼或幼鱼期。

## 7.4　其他规定

城镇污水处理厂处理后废水直接排海，除满足上述要求外，还应满足《城镇污水处理厂污染物排放标准》（GB 18918—2002）的相关要求。

本标准中未列出的污染物执行《污水综合排放标准》（GB 8978—1996）的相应要求；其中有行业标准的，应符合相关行业标准的要求。

# 参考文献


[1] 国家海洋局．中国海洋环境质量公报，2006.

[2] 国家海洋局．中国海洋环境质量公报，2007.

[3] 国家海洋局．中国海洋环境质量公报，2008.

[4] 国家海洋局．中国海洋环境质量公报，2009.

[5] 国家海洋局．中国海洋环境状况公报，2010.

[6] 国家海洋局．中国海洋环境状况公报，2011.

[7] 国家海洋局．中国海洋环境状况公报，2012.

[8] 国家海洋局．中国海洋环境状况公报，2013.

[9] 中华人民共和国海洋环境保护法．2017 年 11 月．

[10] 宋国君．论中国污染物排放总量控制和浓度控制．环境保护，2000，6：11-13.

[11] 杨积武．近岸海域实施污染物排放总量控制的理论与实践．海洋信息，2001，2：24-26.

[12] 张志锋，韩庚辰，王菊英．中国近岸海洋环境质量评价与污染机制研究．北京：海洋出版社，2013.

[13] 李义松，刘金雁．论中国水污染物排放标准体系与完善建议．环境保护，2016，44（21）：48-51.

[14] 张育舆．地方环境标准制定与应用研究——以天津市污水综合排放标准为例．南开大学，硕士学位论文，2011.

[15] 马娜，韩晶．以污水综合排放为例的国家和地方强制性标准对比实证研究．标准科学，2014，3：18-22.

[16] 胡洪营，吴乾元，杨扬，等．面向毒性控制的工业废水水质安全评价与管理方法．环境工程技术学报，2011，1：46-51.

[17] Langston W J, Chesman B S, Burt G R. Review of biomarkers, bioassays and their potential use in monitoring the Fal and Helford SAC. Citadel Hill: Marine Biological Association, 2007.

[18] 环境科学大辞典．北京：中国环境科学出版社，1991.

[19] 杨晓东．实施污染物总量控制的要点和保证．环境科学，1998，19：6-12.

[20] 孙亚梅．面向农业污水灌溉的水污染物总量控制研究．河北农业大学，硕士学位论文，2005.

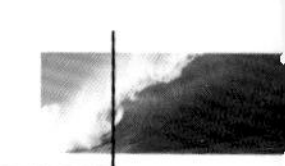


[21] 纪灵，王荣纯，刘昌文．海岸带综合管理中的海洋污染监测及其在决策中的应用．海洋通报，2001，20：54-59.

[22] 王芳．近岸海域污染物总量控制方法及应用研究．天津大学研究生学位论文，2008.

[23] Drapper D，Tomlinson R，Williams P. Pollution concentration in road runoff：southeast Queensland case study. Journal of Environmental Engineering，2000，4：313-320.

[24] 王建，张金生．日本水质污染总量控制及其方法．环境科学与技术，1981，4：55-64.

[25] 朱连奇．日本水质保护的现状及趋势．中国人口资源与环境，1999，4：107-109.

[26] 闵庆文．太湖流域水质目标管理技术体系研究．北京：中国环境科学出版社，2012.

[27] 丁东生．渤海主要污染物环境容量及陆源排污管理区分配容量计算．中国海洋大学硕士论文，2012.

[28] 王修林，李克强．渤海主要化学污染物海洋环境容量．北京：科学出版社，2006.

[29] 陈力群．莱州湾海洋环境评价与污染总量控制方法研究．中国海洋大学硕士论文，2004.

[30] 王悦．M2 分潮潮流作用下渤海湾物理自净能力与环境容量的数值研究．中国海洋大学硕士论文，2005.

[31] 李俊龙．胶州湾排海污染物总量控制决策支持系统的设计和开发研究．中国海洋大学硕士论文，2008.

[32] 陈慧敏．乐清湾污染物排放总量控制方法研究．上海交通大学硕士论文，2011.

[33] 刘莲，黄秀清，杨耀芳，等．象山港海域环境容量及其分配研究．海洋开发与管理，2011，9：109-113.

[34] 崔正国．环渤海 13 城市主要化学污染物排海总量控制方案研究．中国海洋大学博士论文，2008.

[35] Zhao X X，Wang X L，Shi X Y，et al. Enviromental capacity of chemical oxygen demand in the Bohai Sea：modeling and calculation. Chinese Journal of Oceanology and Limnology，2011，29(1)：46-52.

[36] 乔旭东．胶州湾排污管理区及其主要排海化学污染物分配容量的准确计算研究．中国海洋大学博士论文，2009.

[37] 邹涛．夏季胶州湾入海污染物总量控制研究．中国海洋大学博士论文，2012.

[38] 中华人民共和国环境保护部，中华人民共和国国家质量监督检验检疫总局．GB/T15441-1995 水质急性毒性的测定发光细菌法．北京：中国标准出版社，1995.

[39] 中华人民共和国国家质量监督检验检疫总局，中国国家标准化管理委员会．GB18420.2-2009 海洋石油勘探开发污染物生物毒性 第 2 部分：检测方法．北京：中国标准出版社，2009.

[40] 中华人民共和国国家质量监督检验检疫总局，中国国家标准化管理委员会．GB17378.7-

2007 海洋监测规范 第 7 部分：近海污染生态调查和生物监测．北京：中国标准出版社，2008.

[41] 中华人民共和国国家质量监督检验检疫总局，国家标准化管理委员会．GB21814-2008 工业废水的试验方法 鱼类急性毒性试验．北京：中国标准出版社，2008.

[42] International Organization for Standardization. ISO6341：2012 Water quality-Determination of the inhibition of the mobility of Daphnia magna Straus（Cladocera，Crustacea）：Acute toxicity test. Switzerlan，2012.

[43] International Organization for Standardization. ISO11348-3：2007 Water quality-Determination of the inhibitory effect of water samples on the light emission of Vibrio fischeri（Luminescent bacteria test）Part 3：Method using freeze-dried bacteria. 2007.

[44] American Society of Tool and Manufacturing Engineers. ASTME1192-97（2008）Water quality-Toxicity test method for fish in early life stage. American，2008.

[45] German Institute for Standardization（DIN）．ISO10253：2006 Water quality-marine algal growth inhibition test with skeletonema costatum and phaeodactylum tricornutum. Berlin，2006.

[46] 张宇铭，宋朝阳，吴克俭，等．环渤海排污口邻近海域水交换能力研究．中国海洋大学学报（自然科学版），2014，44（5）：1-7.

# 附件

## 秦皇岛市陆源污染物排海控制标准（草案）

### 1 范围

本标准规定了秦皇岛市陆源排海污染物的排放浓度限值、排放管理要求以及监测方法。

本标准适用于秦皇岛市所有入海河流和入海排污口的污染物排放管理。

本标准未作规定的水污染物排放管理按国家、省有关标准执行。

### 2 范性引用文件

下列文件对于本文件的应用是必不可少的。凡是注明日期的引用文件，仅所注日期的版本适用于本标准，然而，鼓励根据本标准达成协议的各方研究是否可使用这些文件的最新版本。凡是不注明日期的引用文件，其最新版本（包括所有的修改单）适用于本标准。

GB 3838 地表水环境质量标准

GB 8978 污水综合排放标准

GB 18918 城镇污水处理厂污染物排放标准

GB 21814 工业废水的试验方法 鱼类急性毒性试验

GB 17378.3 海洋监测规范 第 3 部分 样品采集、储存与运输

GB 17378.4 海洋监测规范 第 4 部分 海水分析

GB 17378.7 海洋监测规范第 7 部分：近海污染生态调查和生物监测

HJ 493 水质采样样品的保存和管理技术规定

HJ 494 水质采样技术指导

HJ 495 水质采样方案设计技术规定

HJ/T 92 水污染物排放总量监测技术规范

HJ/T 91 地表水和污水监测技术规范

HJ 506—2009 水质 溶解氧的测定 电化学探头法

HY/T 076 陆源入海排污口及邻近海域监测技术规程

HY/T 077 江河入海污染物总量监测技术规程

# 3 术语和定义

## 3.1 陆源入海排污口 land-based sewage outlet to the sea

由陆地向海域排放污水的排放口，包括污水直排口和排污河。

## 3.2 急性毒性 acute toxicity

受试生物暴露于排海污水中短期内（暴露周期不大于4天）所产生的毒性效应。

# 4 技术内容

## 4.1 排放区控制要求

秦皇岛市近岸海域按海洋功能区划分为禁止排放区、限制排放区和允许排放区，见附录A。

### 4.1.1 禁止排放区

禁止排放区内不准新建陆源入海排污口，已有的陆源入海排污口需采取措施，停止向该海域排放污水；禁止排放区内的河流入海断面水质应满足4.3规定的急性毒性控制标准，污染物排海执行所在河口水域水环境功能要求的地表水环境质量标准，并不得低于III类地表水环境质量标准。

### 4.1.2 限制排放区

限制排放区内不准新建陆源入海排污口；已有陆源入海排污口排放的污水应满足

4.2 规定的污染物排放浓度限值一级标准和 4.3 规定的急性毒性控制标准；污染物排放总量应满足国家和地方的污染物排放总量控制要求；限制排放区内的河流入海断面水质应满足 4.3 规定的急性毒性控制标准，污染物排海执行所在河口水域水环境功能要求的地表水环境质量标准，并不得低于 IV 类地表水环境质量标准。

#### 4.1.3 允许排放区

允许排放区内陆源入海排污口排放的污水应满足 4.2 规定的污染物排放浓度限值二级标准；污染物排放总量应满足国家和地方的污染物排放总量控制要求；允许排放区内的入海河流污染物排海执行所在河口水域水环境功能要求的地表水环境质量标准。

### 4.2 陆源入海排污口污染物排放浓度限值

陆源入海排污口排海污染物浓度控制要求按表 1 执行，排入限制排放区的污水执行一级标准，排入允许排放区的污水执行二级标准。

**表 1 陆源入海排污口污染物排放浓度限值**

单位：mg/L

| 序号 | 污染物 | 一级 | 二级 |
|---|---|---|---|
| 1 | 总汞 | 0.005 | |
| 2 | 总镉 | 0.01 | |
| 3 | 总铬 | 0.2 | |
| 4 | 六价铬 | 0.1 | |
| 5 | 总砷 | 0.1 | |
| 6 | 总铅 | 0.1 | |
| 7 | 苯并（a）芘 | 0.00003 | |
| 8 | pH | 6~9 | |
| 9 | 色度（稀释倍数） | 30 | 50 |
| 10 | 嗅味 | 不得有异臭、异味 | 不应有明显的异臭、异味 |
| 11 | COD | 60 | 100 |
| 12 | $BOD_5$ | 20 | 30 |
| 13 | TOC | 20 | 30 |
| 14 | DO | ≥6 | ≥5 |
| 15 | TN | 15 | 25 |
| 16 | TP | 0.5 | 2 |
| 17 | 氨氮 | 8 | 15 |

**续表 1**

| 序号 | 污染物 | 一级 | 二级 |
|---|---|---|---|
| 18 | 无机氮 | 10 | 20 |
| 19 | 磷酸盐 | 0.5 | 1 |
| 20 | 铜 | 0.1 | 0.5 |
| 21 | 锌 | 0.5 | 1 |
| 22 | PAHs | 0.001 | 0.005 |
| 23 | 石油类 | 1 | 5 |
| 24 | 悬浮物 | 60 | 100 |
| 25 | 粪大肠菌群（个/L） | 10 000 | 20 000 |
| 26 | 肠球菌（个/L） | 2000 | 5000 |

## 4.3 急性毒性控制标准

陆源入海排污口污水及入海河流河水的急性毒性控制标准按表 2 执行。优先选取鱼类急性毒性作为控制指标，在鱼类无法满足测试要求或无法获得的情况下，也可选取发光细菌作为替代指标。

**表 2 急性毒性控制要求**

| 控制指标 | | 推荐受试物种 | 控制要求 |
|---|---|---|---|
| 急性毒性 | 鱼类急性毒性（96 h 致死率） | 海水青鳉 * | 样品原液对受试鱼种 96 h 的致死率小于 50% |
| | 发光细菌（15 min 发光抑制率） | 发光细菌 | 样品原液 15 min 内对发光细菌的发光抑制率低于 25% |

* 注：本标准推荐受试鱼种为海水青鳉，受试阶段应为仔鱼或幼鱼期；若使用其他鱼种须在报告中说明鱼种选择理由和试验方法，且受试阶段也应为仔鱼或幼鱼期。

## 4.4 其他规定

城镇污水处理厂处理后废水直接排海，除满足本标准的要求外，还应满足《城镇污水处理厂污染物排放标准》（GB 8918—2002）的相关要求。

本标准中未列出的污染物执行《污水综合排放标准》（GB 8978—1996）的相应要求；其中有行业标准的，应符合相关行业标准的要求。

## 5 监测要求

陆源入海排污口监测点的布设、样品采集、运输和储存按《陆源入海排污口及邻近海域监测技术规程》（HY/T 076）的规定执行。

入海河流监测点的布设、样品采集、运输和储存按《江河入海污染物总量监测技术规程》（HY/T 077）的规定执行。

陆源入海排污口和入海河流排海污染物的测定方法按表3执行，污水急性毒性的测定方法按附录B、附录C执行。

表3 水质分析方法

| 序号 | 项目 | 方法标准名称 | 方法标准编号 |
|---|---|---|---|
| 1 | pH | 电极法 | GB 17378.4—2007 |
| | | 水质分析仪法 | HY/T 126—2009 |
| | | 玻璃电极法 | GB 6920—1986 |
| 2 | 色度 | 比色法 | GB 17378.4—2007 |
| | | 稀释倍数法 | GB 11903—1989 |
| 3 | 悬浮物 | 重量法 | GB 17378.4—2007 |
| | | 重量法 | GB 11901—1989 |
| 4 | 五日生化需氧量 | 五日培养法 | GB 17378.4—2007 |
| | | 稀释与接种法 | HJ 505—2009 |
| 5 | 化学需氧量 | 重铬酸钾法 | GB 11914—1989 |
| | | 便携式光谱仪法 | HY/T 147.1—2013 |
| 6 | 总有机碳 | 总有机碳仪器法 | GB 17378.4—2007 |
| | | 元素分析仪法 | HY/T 147.1—2013 |
| | | 燃烧氧化—非分散红外吸收法 | HJ 501—2009 |
| 7 | 溶解氧 | 碘量法 | GB 7489—1987 |
| | | 水质分析仪法 | HY/T 126—2009 |
| | | 电化学探头法 | HJ 506—2009 |

**续表 3**

| 序号 | 项目 | 方法标准名称 | 方法标准编号 |
| --- | --- | --- | --- |
| 8 | 总氮 | 过硫酸钾氧化法 | GB 17378. 4—2007 |
| | | 流动分析法 | HY/T 147. 1—2013 |
| | | 连续流动-盐酸萘乙二胺分光光度法 | HJ 667—2013 |
| | | 流动注射-盐酸萘乙二胺分光光度法 | HJ 668—2013 |
| | | 碱性过硫酸钾-消解紫外分光光度法 | HJ 636—2012 |
| | | 气相分子吸收光谱法 | HJ 199—2005 |
| 9 | 总磷 | 过硫酸钾氧化法 | GB 17378. 4—2007 |
| | | 流动分析法 | HY/T 147. 1—2013 |
| | | 流动注射-钼酸铵分光光度法 | HJ 671—2013 |
| | | 连续流动-钼酸铵分光光度法 | HJ 670—2013 |
| | | 钼酸铵分光光度法 | GB/T 11893—1989 |
| 10 | 氨氮 | 靛酚蓝分光光度法 | GB 17378. 4—2007 |
| | | 流动分析法 | HY/T 147. 1—2013 |
| | | 便携式光谱仪法 | HY/T 147. 1—2013 |
| | | 流动注射-水杨酸分光光度法 | HJ 666—2013 |
| | | 连续流动-水杨酸分光光度法 | HJ 665—2013 |
| | | 水杨酸分光光度法 | HJ 536—2009 |
| | | 纳氏试剂分光光度法 | HJ 535—2009 |
| | | 气相分子吸收光谱法 | HJ/T 195—2005 |
| | | 蒸馏-中和滴定法 | HJ 537—2009 |
| 11 | 硝酸盐氮 | 镉柱还原法 | GB 17378. 4—2007 |
| | | 流动分析法 | HY/T 147. 1—2013 |
| | | 便携式光谱仪法 | HY/T 147. 1—2013 |
| | | 酚二磺酸分光光度法 | GB/T 7480—1987 |
| | | 紫外分光光度法 | HJ/T 346—2007 |
| | | 气相分子吸收光谱法 | HJ/T 198—2005 |
| 12 | 亚硝酸盐氮 | 萘乙二胺分光光度法 | GB 17378. 4—2007 |
| | | 流动分析法 | HY/T 147. 1—2013 |
| | | 便携式光谱仪法 | HY/T 147. 1—2013 |
| | | 分光光度法 | GB/T 7493—1987 |
| | | 气相分子吸收光谱法 | HJ/T 197—2005 |

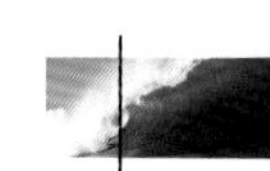

**续表 3**

| 序号 | 项目 | 方法标准名称 | 方法标准编号 |
|---|---|---|---|
| 13 | 磷酸盐 | 流动分析法 | HY/T 147.1—2013 |
| | | 便携式光谱仪法 | HY/T 147.1—2013 |
| | | 连续流动-钼酸铵分光光度法 | HJ 670—2013 |
| | | 离子色谱法 | HJ 669—2013 |
| 14 | 总镉 | 原子吸收法 | GB 17378.4—2007 |
| | | 电感耦合等离子体质谱法 | HY/T 147.1—2013 |
| | | 原子吸收分光光度法 | GB 7475—1987 |
| | | 双硫腙分光光度法 | GB 7471—1987 |
| 15 | PAHs | 气相色谱-质谱法 * | |
| 16 | 铜 | 原子吸收法 | GB 17378.4—2007 |
| | | 电感耦合等离子体质谱法 | HY/T 147.1—2013 |
| | | 原子吸收分光光度法 | GB 7475—1987 |
| | | 2，9-二甲基-1，10 菲萝啉分光光度法 | HJ 486—2009 |
| | | 二乙基二硫代氨基甲酸钠分光光度法 | HJ 485—2009 |
| 17 | 锌 | 原子吸收法 | GB 17378.4—2007 |
| | | 电感耦合等离子体质谱法 | HY/T 147.1—2013 |
| | | 原子吸收分光光度法 | GB 7475—1987 |
| | | 双硫腙分光光度法 | GB 7472—1987 |
| 18 | 总铅 | 原子吸收法 | GB 17378.4—2007 |
| | | 电感耦合等离子体质谱法 | HY/T 147.1—2013 |
| | | 原子吸收分光光度法 | GB 7485—1987 |
| | | 双硫腙分光光度法 | GB 7470—1987 |
| | | 示波极谱法 | GB/T 13896—1992 |
| 19 | 石油类 | 荧光/紫外分光光度法 | GB 17378.4—2007 |
| | | 红外分光光度法 | HJ 637—2012 |
| 20 | 粪大肠菌群数 | 多管发酵法和滤膜法 | GB 17378.7—2007 |
| | | 纸片法 | HY/T 147.5—2013 |
| 21 | 总汞 | 原子荧光法 | GB 17378.4—2007 |
| | | 冷原子吸收分光光度法 | HJ 597—2011 |
| | | 高锰酸钾-过硫酸钾消解法双硫腙分光光度法 | GB/T 7469—1987 |
| 22 | 总铬 | 原子吸收法 | GB 17378.4—2007 |
| | | 电感耦合等离子体质谱法 | HY/T 147.1—2013 |
| | | 高锰酸钾氧化-二苯碳酰二肼分光光度法 | GB 7466—1987 |

续表 3

| 序号 | 项目 | 方法标准名称 | 方法标准编号 |
| --- | --- | --- | --- |
| 23 | 六价铬 | 二苯碳酰二肼分光光度法 | GB 7467—1987 |
| | | 便携式光谱仪法 | HY/T 147. 1—2013 |
| 24 | 总砷 | 原子荧光法 | GB 17378. 4—2007 |
| | | 电感耦合等离子体质谱法 | HY/T 147. 1—2013 |
| | | 二乙基二硫代氨基甲酸银分光光度法 | GB 7485—1987 |
| 25 | 肠球菌 | 最大可能数法 | HY/T 127—2010 |
| | | 滤膜法 | HY/T 127—2010 |

* PAHs 的分析方法采用国家环保总局 2002 年出版的《水和废水监测分析方法》(第四版) 中规定的气相色谱质谱法；苯并 (a) 芘属于 PAHs 中的一种物质，分析方法相同。

## 6 标准监督与实施

本标准由县级以上人民政府海洋环境保护行政主管部门负责监督实施。

现有国家或地方行业水污染物排放标准、新颁布或新修订的国家或地方（综合或行业）水污染物排放标准严于本标准的污染物控制项目，按照从严要求的原则，执行相应的水污染物排放标准。

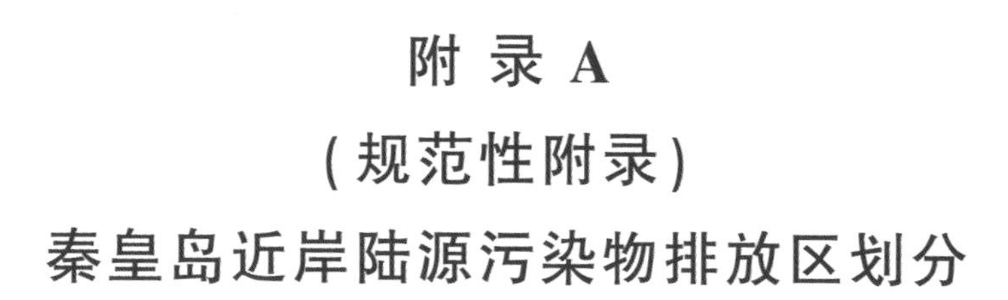

# 附 录 A
## （规范性附录）
## 秦皇岛近岸陆源污染物排放区划分

秦皇岛近岸陆源污染物排放区分布见图 A.1，排放区地理坐标信息见表 A.1。

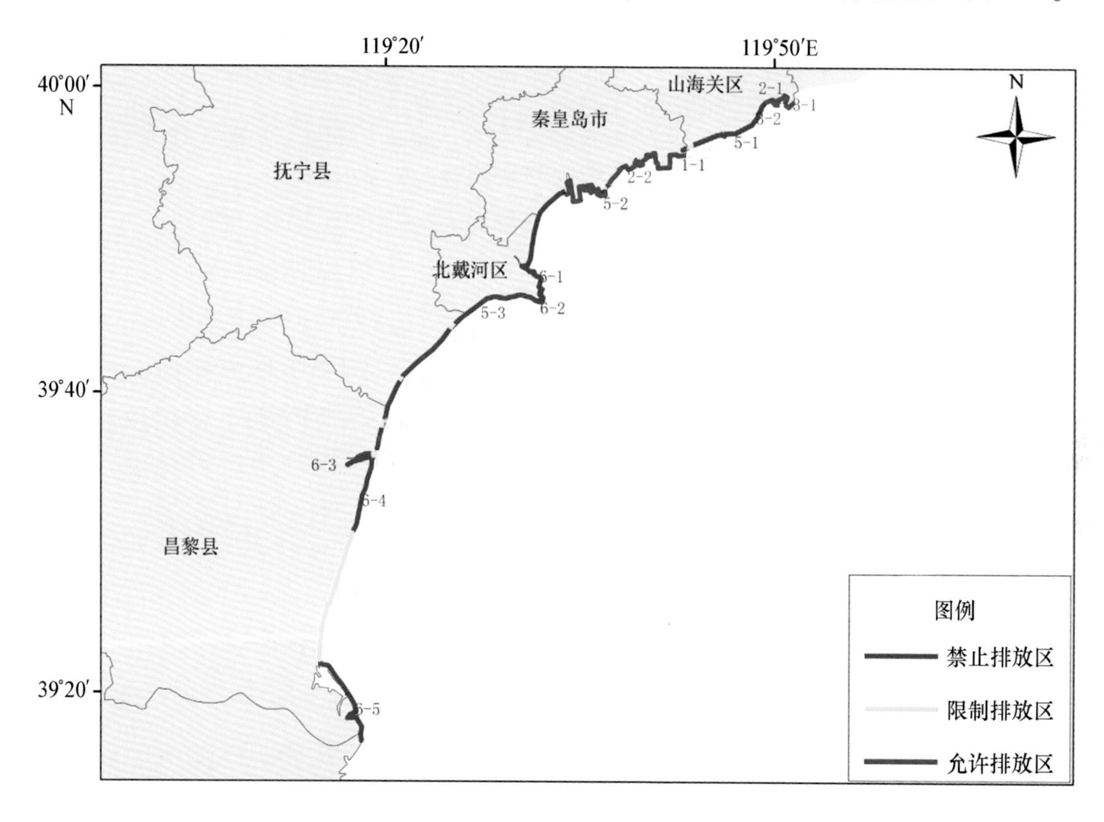


图 A.1　秦皇岛近岸陆源污染物排放区分布

表 A.1 秦皇岛近岸陆源污染物排放区地理坐标信息

| 排放区类型 | 海洋功能区编号和名称 | 地理坐标 | | 岸线长度（km） |
|---|---|---|---|---|
| | | 经度 | 纬度 | |
| 禁止排放区 | 5-1 山海关旅游休闲娱乐区 | 39°52′51.48″—39°58′53.51″N | 119°42′57.5″ —119°50′16.36″E | 12.73 |
| | 1-1 沟渠寨农渔业区 | 39°56′12.93″—39°56′46.7″N | 119°42′35.65″—119°43′26.02″E | 2.51 |
| | 5-2 秦皇岛东山旅游休闲娱乐区 | 39°54′26.27″—39°55′6.57″N, | 119°36′54.55″—119°37′44.09″E | 1.38 |
| | 5-3 北戴河旅游休闲娱乐区 | 39°34′48.52″—39°54′56.24″N | 119°17′1.22″—119°36′20.94″E | 54.4 |
| | 6-1 赤土河口海洋保护区 | 39°50′4.94″—39°50′48.21″N | 119°30′44.25″—119°31′23.88″E | 2.63 |
| | 6-2 金山嘴海洋保护区 | 39°48′16.57″—39°49′20.82″N | 119°31′17.16″—119°32′17.24″E | 2.87 |
| | 6-4 黄金海岸海洋保护区 | 39°31′58.71″—39°36′53.44″N | 119°15′42.08″—119°34′12.19″E | 5.68 |
| | 6-3 七里海海洋保护区 | 39°32′56.71″—39°35′52.26″N | 119°13′44.35″—119°16′24.97″E | 15.87 |
| | 6-5 滦河口海洋保护区 | 39°19′54.81″—39°29′50.48″N | 119°8′15.56″—119°18′24.29″E | 44.06 |
| 限制排放区 | 1-8 滦河口农渔业区 | 39°3′41.01″—39°32′1.73″N | 119°7′4.44″—119°33′14.85″E | 9.27 |
| | 2-2 沙河口港口航运区 | 39°56′10.42″—39°56′47.62″N | 119°43′19.38″—119°43′42.02″E | 0.44 |
| | 1-2 新开河农渔业区 | 39°55′14.53″—39°55′22.61″N | 119°36′59.05″—119°37′11.86″E | 0.51 |
| | 1-3 洋河口农渔业区 | 39°46′18.01″—39°47′16.03″N | 119°24′8.3″—119°25′4.06″E | 3.68 |
| | 1-5 人造河口农渔业区 | 39°44′12.38″—39°44′44.21″N | 119°21′21.09″—119°21′57.23″E | 1.46 |
| | 1-6 大蒲河口农渔业区 | 39°40′33.15″—39°40′52.65″N | 119°18′54.18″—119°19′57.19″E | 1.76 |
| | 1-7 新开口农渔业区 | 39°34′34.04″—39°35′16.2″N | 119°16′21.68″—119°17′19.07″E | 2.96 |

**续表 A.1**

| 排放区类型 | 海洋功能区编号和名称 | 地理坐标 | | 岸线长度（km） |
|---|---|---|---|---|
| | | 经度 | 纬度 | |
| 允许排放区 | 3-1 山海关工业与城镇用海区 | 39°57′23.17″—39°59′26.11″N | 119°49′53.22″—119°51′57.6″E | 1.48 |
| | 3-2 哈动力西工业与城镇用海区 | 39°58′30.9″—39°58′56.4″N | 119°48′42.98″—119°49′2.27″E | 0.79 |
| | 2-3 秦皇岛港口航运区 | 39°42′35.74″—39°56′43.43″N | 119°34′9.04″—119°57′7.52″E | 27.66 |
| | 2-1 山海关港口航运区 | 39°54′58.91″—39°59′12.55″N | 119°48′49.6″—119°51′37.34″E | 2.82 |

注：1-4 洋河口至新开口农渔业区、8-1 山海关保留区无陆地岸线，因此不做排放控制要求。

# 附 录 B
# （规范性附录）
# 排海污水急性毒性测试鱼类试验方法

## B.1 适用范围

本方法适用于近岸海水、河口水、入海排污口污水及其他受污染海域水样对海水鱼类幼鱼的致死效应。

## B.2 方法原理

将受试鱼种的幼鱼暴露于污水样品中，在流水条件或半静态条件下进行试验。开始试验时，将幼鱼放入试验容器中，暴露 96 h 后，通过与对照组值的比较来测定受试鱼种致死百分数。

## B.3 试剂及其配制

除非另有说明，本方法均使用分析纯试剂，水为洁净的沙滤海水或研究级海盐配制的人工海水，配制人工海水用水为纯净水。

## B.4 仪器及设备

pH 计；
分析天平；
盐度计；
温度控制系统；
水质测定仪；
光照系统；

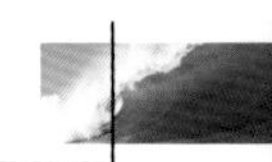

摇床或具有震荡功能的培养箱；

实验室常用玻璃器皿；

显微镜。

## B.5 推荐受试鱼种

推荐使用的海水鱼种为海水青鳉（*Oryzias melastigma*），使用其他鱼种时，试验条件应做相应调整，并在报告中说明鱼种选择理由和试验方法。

## B.6 试验溶液

对照组和样品的稀释用水为洁净的沙滤海水或人工海水。

稀释用水或对照组用水对试验鱼的死亡率不得高于 20%，整个试验期间水质应保持恒定。

半静态试验中，将幼鱼移入新试验溶液，或将受试生物留在试验容器中，更新 2/3 以上的试验溶液。每隔 2 d 测定水中的溶解氧和营养盐等指标。

## B.7 测试步骤

### B.7.1 试验容器

用全玻璃、不锈钢或其他化学惰性材料制成，其尺寸应符合负荷的要求。在试验区域内随机摆放，在每个试验区域中每个暴露组最好也能随机设计，避免不必要的干扰。

### B.7.2 幼鱼的处理

为保证试验鱼的一致性，应选用初孵 6~10 d 之内的幼鱼，经筛选选出活力强和健康的幼鱼。

### B.7.3 样品采集与准备

水样采集按照 GB 17378. 3—2007 中规定执行。将水样注满采样瓶，上端不得留有空气间隙，盖上瓶盖。水样采集后，在 2~6℃下避光储存和运输。样品在-20℃条件下可最长保存 2 个月。并于 48 h 内完成测试。充分震荡容器中的水样以确保其倾倒之前沉淀物质重新处于悬浮状态，样品必须混合均匀。震荡后观察样品的色度、浊度形成泡沫情况、沉淀等，消除可能干扰样品毒性的因素。取一定体积的水样测定样品的pH值、浊度、溶解氧和盐度，采用便携式盐度计测定样品的盐度。根据需要对样品的pH值、浊度和溶解氧加以调整。如果样品的盐度在20～40范围内，无需调整盐度；对于污水样品（如排污口污水样品），若其盐度小于20，则需使用海盐将样品盐度统一调整至22。

### B.7.4 暴露条件

（1）暴露时间：96 h。

（2）负荷：幼鱼的数量应满足统计学需要。幼鱼随机分配于各样品中，每个样品不少于10条幼鱼，每个样品至少设置3个平行组，试验溶液按照10 mL/条。

（3）光照和温度：光照周期和温度应适合受试生物，海水青鳉的光照周期为12～16 h，温度为25℃±2℃，盐度为15～32。

（4）喂食：暴露期间不喂食。

### B.7.5 效应测试

每天观察一次存活情况，并记录数量。移走死亡幼鱼。移走死亡个体时应避免磕碰周围的卵或仔鱼或对其造成物理伤害，死亡判断标准如下：静止不动、无呼吸运动、无心脏跳动、对机械刺激无反应等一种或多种症状。

## B.8 数据处理

### B.8.1 需要统计的参数

（1）累积死亡率。

（2）实验结束时的健康鱼数。

### B.8.2 统计方法

实验结果以96 h 100%样品的鱼类死亡百分数表示，即：

$$LC_X = \frac{(N_0 - N_t) \times 100}{N_0} \qquad (B.1)$$

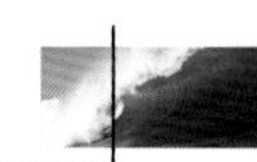

式中，$LC_x$为 96 h 污水样品的致死率（%）；

$N_t$为暴露 96 h 后，水样中存活的幼鱼数量；

$N_0$为暴露 96 h 后，对照样品中存活的幼鱼数量。

# 附录 C
# (规范性附录)
# 排海污水急性毒性测试发光细菌法

## C.1 适用范围

本方法规定了使用发光细菌——费歇尔弧菌（*Vibrio fischeri*）作为受试生物的急性毒性检验方法，本方法适用于远海、近海、近岸等海域海水样品以及陆源入海排污口污水、河口水等样品的急性毒性检验。

## C.2 方法原理

发光细菌在荧光素酶的催化作用下，生物体内的脂肪醛被氧化为脂肪酸，还原型黄素单核苷酸变成氧化型黄素单核苷酸，同时释放出光。

## C.3 试剂及其配制

除非另有说明，本方法均使用分析纯试剂，水为去离子水或蒸馏水。

① 发光细菌

采用费歇尔弧菌（*Vibrio fischeri*）测定样品的毒性，费歇尔弧菌是一种革兰氏阴性菌，费歇尔弧菌的冻干粉于-20℃条件下可保存一年，在4℃条件下4周内保持稳定。

② 稀释剂

无毒的2%氯化钠溶液，用于稀释水样以及用作对照样品，在2~8℃保存。

③ 参比毒物

七水合硫酸锌。

④ 其他试剂

氯化钠、氢氧化钠和盐酸。氯化钠固体用于调整待测样品的盐度；氢氧化钠溶液用于调整待测样品的pH值，浓度为1 mol/L；盐酸用于调整待测样品的pH值，浓度为1 mol/L。

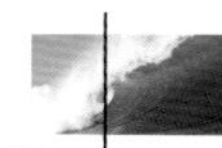

## C.4 仪器及设备

① 综合毒性分析仪

② 计算机

针对配有软件需连接计算机的光度计，可以完成记录数据以及毒性结果的计算。

③ 冰箱

用于冷藏（2~8℃）或冷冻（-20℃）试剂。

④ 微量移液器

10~100 μL，可调节；100~1000 μL，可调节。

⑤ 其他

温度计、盐度计、pH 计和浊度计、计时器或秒表、4 mL 小玻璃试管、100 μL 和 1 mL 移液器吸头、20 mL 聚四氟乙烯或玻璃离心管、离心机、振荡器及一般实验室常用设备。

## C.5 海洋环境水样的毒性测试

### C.5.1 毒性测试前的准备

#### C.5.1.1 样品的采集、运输和保存

水样采集按照 GB 17378.3—2007 中规定执行。将水样注满采样瓶，上端不得留有空气间隙，盖上瓶盖。水样采集后，常温条件下应在 24 h 内测试完毕。若在 24 h 内不能完成测试，水样可在 2~6℃下避光储存，并于 48 h 内完成测试。若水样在 48 h 内不能完成测定，将水样采集于聚乙烯采样瓶中，于-20℃下冷冻储存，储存时间不得超过 2 个月，测定前化冻，恒温至室温后测定。

#### C.5.1.2 样品预处理

适宜测定的水样 pH 范围为 6.0~8.5。当水样 pH 值小于 6.0 时，加氢氧化钠溶液，调节 pH 值为 6.0~6.5；当水样 pH 值大于 8.5 时，加盐酸溶液（5.8）调节 pH 值为 8.0~8.5。适宜测定的水样盐度为 20~40。若盐度小于 20，则应加入氯化钠固体（将盐度调整至 22±2。盐度测定参考“GB/T 14914—2006 海滨观测规范”中要求。样品

浊度若大于 10 NTU，离心或过滤后测定。参考“GB 17378.4—2007 海洋监测规范 第 4 部分 海水分析”中规定的浊度计法测定样品浊度。测试前应摇匀样品或曝气 15 min，使样品溶解氧含量大于 3 mg/L。参考“HJ 506—2009 水质 溶解氧的测定 电化学探头法”规定的方法测定样品溶解氧。

### C.5.2 海洋环境水样的毒性测试步骤

（1）打开综合毒性分析仪，预热。

（2）准备待测试管

准备 16 支待测试管，一支编号为 $R_0$，温度控制在 5.5℃±0.5℃；一支编号为 $F_3$，温度控制在 15℃ ±0.5℃；其余的 14 支编号分别为 A1～A7 和 B1～B7，温度也控制在 15℃±0.5℃。

（3）复苏发光细菌冻干粉。

从冰箱取出 1 支发光细菌冻干粉小瓶，小心打开。振荡，使冻干细菌充分落在瓶子底部。在 $R_0$ 试管中添加 1 mL 的补充液，温度控制在 5.5℃±0.5 ℃，预冷后为随后的水合冻干粉做准备。将 1 mL 的补充液迅速地倒入发光细菌的瓶中。平着摇 3～4 次，迅速将摇好的溶液倒回 $R_0$ 试管中。用 1 000 μL 移液器的吸头充分地混合 $R_0$ 试管中的溶液。方法如下：每次取出 500 μL，再放回去，反复操作至少 10 次。此时试管中是发光细菌的水合溶液，应在 3 h 之内使用。温度仍然控制在 5.5℃±0.5℃。在 $F_3$ 小试管中，用稀释剂以 1：10 的比例稀释发光细菌水合溶液，温度控制在 15℃±0.5℃；

（4）准备样品的待测溶液，进行急性毒性测试，测试样品原液的发光抑制率 IR。取 1000 μL 的稀释剂加入 A1 中，取 1000 μL 6 个待测样品溶液分别加入至 A2～A7 中。

（5）向 B1～B7 小试管中添加一定量的稀释后的发光细菌水合溶液，看表计时 15 min。

（6）使用光度计检验复苏发光细菌冻干粉质量，校正仪器的初始发光强度，若初始发光强度不满足毒性测试要求，则更换冻干粉。

（7）以 20 s/个的速度测试 B1～B7 小试管的初始发光强度 $I_0$，并记录，开始 5 min 倒计时。

（8）快速从 A1 试管中取出 900 μL 添加至 B1 试管中，用手摇匀，以此类推，至快速从 A7 试管中取出 900 μL 添加至 B7 试管。

（9）5 min 倒计时结束按顺序仍然以 20 s/个的速度测得发光强度 $I_t$5 min，检测仪

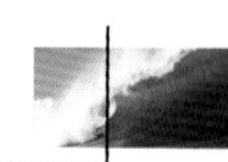

给出相对发光强度大小，并记录。

## C.6 记录与计算

仪器测定值即为样品的硅酸盐浓度。

### C.6.1 样品的发光抑制率

计算对照样品的 5 min，15 min 或 30 min 发光强度与初始发光强度的比值。在进行毒性测试的时候，发光强度可能会稍稍下降，当评价由毒性引起的发光减弱的时候需要考虑到这一点，校正因子 $f$ 可以对此进行校正。

$f$ 的计算公式为：

$$f = I_{Ct}/I_{C0} \tag{C.1}$$

式中，$f$ 为 5 min，15 min 或 30 min 的校正因子；

$I_{C0}$ 为对照样品在初始时刻对照样品的发光强度；

$I_{Ct}$ 为对照样品在 5 min，15 min 或 30 min 时的发光强度。

样品发光抑制率 $IR$ 的计算公式为：

$$IR = [(f \cdot I_{T0}) - I_{Tt}] / (f \cdot I_{T0}) = 1 - I_{Tt}/(f \cdot I_{T0})] \tag{C.2}$$

式中，$I_{T0}$ 为测试样品零时刻的发光强度；

$I_{Tt}$ 为添加样品 5 min，15 min 或 30 min 后的发光强度。

### C.6.2 估算 $IC_{25}$ 和 $IC_{50}$

计算 $\gamma$ 值。$\gamma$ 是在计算 $IC_{25}$ 和 $IC_{50}$ 的时候发光强度减弱的量度，单独计算每个试管中样品（包括正在测试的样品）的 $\gamma$ 值。$\gamma$ 的计算公式如下：

$$\gamma = [(f \cdot I_{T0}) - I_{Tt}] / I_{Tt} = (f \cdot I_{T0}) / I_{Tt}] - 1 \tag{C.3}$$

式中，$I_{T0}$ 为测试样品零时刻的发光强度；

$I_{Tt}$ 为测试样品 5 min，15 min 或 30 min 后的发光强度。

将 $\gamma$ 和 $C$ 转换成自然对数或者以 10 为底的对数形式，采用最小二乘回归，然后将 $\log\gamma/\ln\gamma$ 对 $\log C/\ln C$ 作图，通过标准的数学方法可以拟合成一条直线，即：

$$\ln\gamma = b\ln C + \ln a \tag{C.4}$$

式中，$C$ 为样品浓度；

$\ln a$ 为回归直线的截距；

$b$ 为回归直线的斜率；

$\ln\gamma$ 为相应浓度下的毒性响应。

方程的显著性水平取 0.05，若 $p<0.05$，则回归方程成立。

$\gamma=0.25$ 时，发光量损失 25%时对应的样品浓度 $C$ 即为 $IC_{25}$；$\gamma=1$ 时，发光量损失一半时对应的样品浓度 $C$ 即为 $IC_{50}$。

## C.7 质量保证与控制

（1）发光细菌的初始发光量应满足不同类型毒性分析仪的要求。

（2）为保证测试结果的可靠性，15 min 的校正因子的范围应为 0.6~1.8。

（3）样品 3 次重复测定结果的相对标准偏差（RSD）不大于 15%。

（4）参比毒物的 $IC_{50}$的可接受范围为 0.6~6 mg/L 用于检验毒性测试结果的质量。

## C.8 注意事项

本方法操作过程中应注意以下事项。

（1）测试样品的溶解氧、温度、浊度、浊度等信息。

（2）如果对样品进行曝气给出曝气速率、曝气周期和曝气方式。

（3）预处理过程的详细描述。

（4）样品的盐度调整信息。

（5）样品的 pH 值以及 pH 调整方面的信息等。

（6）在一个月之内或开始使用一批新的发光菌冻干粉试剂时，测定参比毒物的 15 min 引起发光细菌发光抑制的 $IC_{50}$。